中等职业学校工业和信息化精品系列教材

计·算·机·应·用

计算机录入技术

项目式微课版

陈宇斌 邓来信◎主编

周方方 黄建德 刘明研◎副主编

人民邮电出版社

北京

图书在版编目（CIP）数据

计算机录入技术 ：项目式微课版 / 陈宇斌，邓来信主编. -- 北京 ：人民邮电出版社，2022.6
中等职业学校工业和信息化精品系列教材
ISBN 978-7-115-58870-8

Ⅰ. ①计… Ⅱ. ①陈… ②邓… Ⅲ. ①文字处理－中等专业学校－教材 Ⅳ. ①TP391.1

中国版本图书馆CIP数据核字(2022)第043665号

内 容 提 要

本书以微型计算机为基础，全面系统地介绍了计算机录入技术的相关知识。全书共 8 个项目，主要内容包括认识键盘与练习键位指法、英文录入、使用中文输入法录入汉字、认识五笔字型输入法与练习五笔字根、使用五笔字型输入法录入汉字、高效文字录入方式、在 Word 2016 中录入和编辑文字、文档排版和打印等知识。

本书采用项目形式分任务讲解，每个任务主要由任务目标、相关知识、任务实施 3 个部分组成，然后再进行强化实训，且每个项目最后均附有课后练习和技能提升，以便学生对所学知识进行练习、巩固和提升。

本书适合作为职业院校计算机录入技术和计算机应用相关课程的教材，也可作为各类培训学校相关课程的教材，同时还可供计算机初学者及录入人员自学参考。

◆ 主　　编　陈宇斌　邓来信
副 主 编　周方方　黄建德　刘明研
责任编辑　刘晓东
责任印制　王　郁　焦志炜

◆ 人民邮电出版社出版发行　　北京市丰台区成寿寺路 11 号
邮编　100164　　电子邮件　315@ptpress.com.cn
网址　https://www.ptpress.com.cn
大厂回族自治县聚鑫印刷有限责任公司印刷

◆ 开本：889×1194　1/16
印张：11　　2022 年 6 月第 1 版
字数：213 千字　　2022 年 6 月河北第 1 次印刷

定价：49.80 元

读者服务热线：(010)81055256　印装质量热线：(010)81055316
反盗版热线：(010)81055315
广告经营许可证：京东市监广登字 20170147 号

前言

FOREWORD

2021 年 10 月，中共中央办公厅、国务院办公厅印发了《关于推动现代职业教育高质量发展的意见》(以下简称《意见》)。《意见》指出，职业教育是国民教育体系和人力资源开发的重要组成部分，肩负着培养多样化人才、传承技术技能、促进就业创业的重要职责。在全面建设社会主义现代化国家新征程中，职业教育前途广阔、大有可为。职业教育的主要目标是：到 2025 年，职业教育类型特色更加鲜明，现代职业教育体系基本建成，技能型社会建设全面推进；到 2035 年，职业教育整体水平进入世界前列，技能型社会基本建成。

职业教育的目的是培养具有一定文化水平和专业知识技能的应用型人才，职业教育侧重于实践技能和实际工作能力的培养。近年来，伴随着我国经济的快速发展，以及计算机技术的应用和发展，劳动力市场的需求在不断变化，社会对高素质实用型人才的需求更为迫切，与此同时中等职业教育的招生人数也在不断增加，对教学的实用性、灵活性和新颖性都提出了更高的要求。

为了应对新形势的发展需要，我们根据现代职业教育的教学需要，组织了一批优秀的、具有丰富教学经验和实践经验的教师编写了本套“中等职业学校工业和信息化精品系列教材”。其中，“计算机录入技术”课程是中等职业学校学生必修的一门专业基础课程，该课程以中文版 Windows 系统为平台，以微型计算机基础知识为起点，重点讲解汉字录入技术，以及文档编辑、排版和表格制作等知识，帮助学生掌握必备的计算机录入知识和基本技能，培养学生应用计算机学习和处理文字的能力，提升学生的信息素养，为其今后的职业发展奠定基础。

根据上述职业教育的发展趋势以及课程的教学目标和要求，本教材在编写上体现了以下特色。

1. 打好基础，重视实践

“计算机录入技术”这门课的实践性和应用性很强，为了让学生热爱文字录入工作，提高文字录入的效率，以及学会五笔字型输入法，本书首先从训练键盘指法开始，然后分别介绍英文录入、汉字录入、五笔字型输入法，最后介绍如何提升文字录入速度和常用文档编辑软件 Word 的使用方法。在教学上，本书采用讲练相结合的方法，让学生按任务进行相应的训练，逐步提高学生的计算机录入技能，并结合文字录入的特色，利用打字练习、打字测试、打字比赛、文章排版

前言

FOREWORD

等实践形式，激发学生的学习兴趣，培养学生的计算机录入能力。

2. 任务驱动，体例设计新颖

为了适应当前中等职业教育教学改革的要求，本书编写吸收了新的职教理念，教学中以学生为中心，以任务牵引安排内容，形成“情景导入—学习目标和技能目标—若干任务—若干实训—课后练习—技能提升”这样的知识讲解逻辑体系；同时，本书在各任务下面设计有“任务目标”“相关知识”“任务实施”，从而适应任务驱动下的“教学做一体化”的课堂教学组织要求，引导学生开动脑筋，提升动手能力。

本书各项目的情景导入以日常生活或办公中的场景开展，以主人公的实习情景为例引入各项目的教学主题，帮助学生了解相关知识点在实际工作中的应用情况。书中设置的主人公如下。

米拉：职场新人。

洪钧威：人称老洪，米拉的同事，他是米拉在职场中的导师和引路人。

3. 提供微课视频和高清大图

本书将所有操作过程录制成微课视频，学生可扫码观看。同时，对于键盘分区、键盘指法和五笔字根分布等还提供了高清大图，以便于学生更加直观地查看效果。

4. 配套丰富的教学资源

本书提供精美PPT课件、题库练习软件、电子教案、五笔编码查询软件等教学资源，有需要的读者可自行通过人邮教育社区网站（http://www.ryjiaoyu.com）免费下载。

本书由陈宇斌、邓来信担任主编，周方方、黄建德、刘明研担任副主编。由于编者水平有限，本书可能存在不足之处，敬请读者指正。

编　者

2022年3月

目录

CONTENTS

目录

CONTENTS

目录

CONTENTS

目录

CONTENTS

项目一

认识键盘与练习键位指法

情景导入

老洪：米拉，欢迎你来我们公司行政部实习。我叫洪钧威，大家都叫我“老洪”，咱们一个部门的。领导让我带你熟悉工作，以后有什么问题尽管问我。

米拉：很高兴认识你，老洪，以后还请多多指教。我发现行政部人员打字时都不看键盘，而且速度很快，怎么做到的？

老洪：米拉，在行政部工作很多时候要录入和编辑大量的文字，只有对键盘了如指掌，同时掌握正确的键位指法，并实现盲打，才能高效工作。

米拉：太厉害了，老洪，我也想学习盲打，可是不看键盘，怎么保证按键正确呢？

老洪：很简单，只要牢记主键盘区中键位的分布情况，并运用正确的键位指法即可。否则，总是在键盘上逐个找键位，不仅会影响打字速度，而且会打断录入思路。

米拉：原来如此，我一定要学会盲打。

学习目标

- 熟悉键盘的结构
- 掌握正确的打字姿势和按键要领
- 掌握正确的键位指法

技能目标

- 将键盘的结构熟记于心
- 牢记正确的打字姿势和按键要领
- 正确使用键位指法

任务一　认识键盘

键盘是常用的计算机录入设备之一，广泛应用于微型计算机和各种终端设备。用户通过键盘可以向计算机录入指令或数据，指挥计算机工作。因此，掌握键盘的结构是学习打字的第一步，下面就来认识键盘的结构。

任务目标

本任务的目标是掌握键盘的结构，了解各键位的作用，学会正确使用键盘。本任务的学习，可以为后面的文字录入奠定坚实的基础。

相关知识

键盘由一系列键位组成，键位上分别标有字母、数字、符号，以表示其名称。最早的键盘只有 83 个键位，如今，键盘的种类越来越多。根据键位的总数来划分，键盘可分为 101 键盘、103 键盘、104 键盘和 107 键盘等。

常用的 107 键盘主要由功能键区、主键盘区、编辑控制键区、数字键区、状态指示灯区 5 部分组成，如图 1-1 所示。

图1-1　107键盘

1. 功能键区

功能键区位于键盘的顶端，该区域包括【Esc】键、【F1】~【F12】键和 3 个特殊功能键，如图 1-2 所示。

图1-2　功能键区

功能键区各键的功能如下。

- 【**Esc**】**键**。退出键，用于退出当前运行环境、终止运行程序、返回原菜单等。
- 【**F1**】~【**F12**】**键**。在不同的应用程序中，各键的功能有所区别，如按【F1】键，在一般情况下，可以快速打开软件的帮助文档。
- 【**Wake Up**】**键**。恢复键，用于使计算机从睡眠状态恢复到可操作状态。
- 【**Sleep**】**键**。休眠键，用于使计算机进入睡眠状态，以节省电量。
- 【**Power**】**键**。电源键，用于快速关闭计算机电源。

2. 主键盘区

主键盘区位于功能键区的下方，是键盘上最重要且使用最频繁的一个区域。该区域包括数字和符号键、字母键、控制键等，共有 61 个键位，如图 1-3 所示。

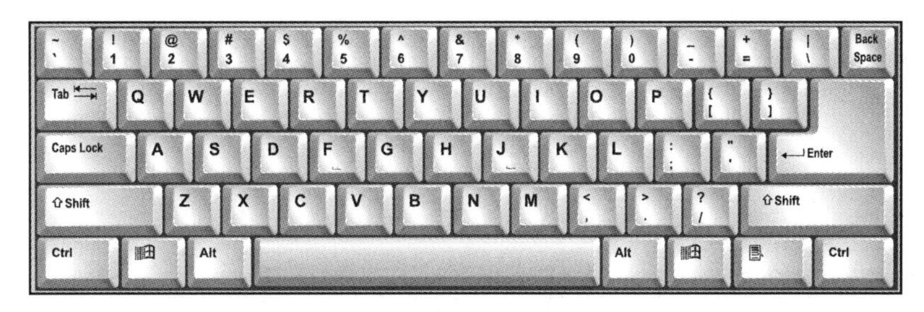

图1-3 主键盘区

- **数字和符号键**。数字和符号键的键面均由上下两种字符组成，又称为双字符键；其中，上面的符号称为上档字符，下面的数字或符号称为下档字符；按键后可录入下档字符，若要录入上档字符，则需同时按住【Shift】键。
- **字母键**。字母键共有26个键位，键面上分别印有从A到Z的大写英文字母，按键后可以录入相应的英文字母。
- **控制键**。控制键包括键、键、键、键、键等，各键的功能如表1-1所示。

表1-1 控制键的功能

控制键	名称	作用
Tab	【Tab】键（制表定位键）	编辑文本时，每按一次该键，光标将自动向右移动 8 个字符的距离
Caps Lock	【Caps Lock】键（大小写锁定键）	按一次该键可进入大写锁定状态，可连续录入大写字母；再按一次该键，则切换回小写字母录入状态
Shift	【Shift】键（转换键）	按住【Shift】键的同时再按字母键可录入大写字母；将该键与其他控制键组合使用，可实现快速操作，如按【Ctrl+Shift】组合键，可快速切换输入法
Ctrl	【Ctrl】键（控制键）	位于主键盘区中的左下方、右下方，在不同的工作环境中其具体功能有所区别。该键一般不单独使用，需要与其他键组合使用

续表

控制键	名称	作用
	开始键	按该键将打开“开始”菜单，该键与 Windows 操作系统中图标的作用相同
	【Alt】键（选择键）	该键需要和其他键组合使用，如按【Ctrl+Alt+Delete】组合键，可将计算机热启动
	右键菜单键	按该键后将弹出相应的快捷菜单，其作用与右击相同
	【Back Space】键（退格键）	编辑文本时，每按一次该键，可以删除光标左侧的一个字符
	【Enter】键（回车键）	按该键表示开始执行所录入的命令，在录入文字时表示换行操作

知识补充

主键盘区中最长的键是空格键，又称【Space】键，主要用于录入空格。在用中文输入法录入汉字时，按该键表示录入结束。

3. 编辑控制键区

编辑控制键区位于主键盘区和数字键区之间，如图 1-4 所示。该区域包含 13 个键位，各键位的作用如下。

图1-4 编辑控制键区

- **【Print Screen SysRq】键**。截屏键，用于将当前屏幕中的内容以图片方式截取到剪贴板中。
- **【Scroll Lock】键**。屏幕锁定键，常用于磁盘操作系统（Disk Operating System，DOS），用于使屏幕中的内容停止滚动。
- **【Pause Break】键**。暂停键，用于暂停当前正在运行的程序。
- **【Insert】键**。插入键，编辑文本时用于切换插入和改写字符状态。
- **【Home】键**。起始键，编辑文本时用于将光标移至当前行的开始处。
- **【End】键**。终点键，编辑文本时用于将光标移至当前行的结尾处。
- **【Page Up】键**。向前翻页键，编辑文本时用于显示当前页的上一页信息。
- **【Page Down】键**。向后翻页键，编辑文本时用于显示当前页的下一页信息。
- **【Delete】键**。删除键，编辑文本时每按一次该键，可删除光标右侧的一个字符。
- **【↑】【↓】【←】【→】键**。光标移动键，编辑文本时用于将光标向上、下、左、右 4 个不同的方向移动。

4. 数字键区

图1-5 数字键区

数字键区又称为小键盘区，位于键盘的右下角，主要用于快速录入数字。其中包括数字键、【Enter】键、符号键和【Num lock】键共17个键位，如图1-5所示。

小键盘区中有部分键为双字符键，上档字符用于录入数字和小数点，下档字符具有控制光标和切换编辑状态等功能。上、下档字符的切换由【Num Lock】键来实现，按一下该键，状态指示灯区中的“Num Lock”指示灯亮，表示录入上档字符有效，反之表示录入下档字符有效。

5. 状态指示灯区

状态指示灯区位于小键盘区上方，包括3个指示灯，用于提示键盘的工作状态。其中，“Num Lock”指示灯亮时表示可使用小键盘区录入数字，“Caps Lock”指示灯亮时表示按字母键时录入的是大写字母，“Scroll Lock”指示灯亮时表示屏幕处于锁定状态。

任务实施

熟悉键盘的分布和了解各按键的作用是文字录入的前提，请大家结合前面的知识讲解，再对照键盘实物，仔细观察5个键区都有哪些按键，将表1-2中所列按键找出来，并将对应的键区和作用填写到表中，从而进一步熟悉键盘的分布和了解按键的作用。

表1-2 熟悉按键所在的键区及作用

按 键	所在键区	作 用
D		
M		
@ 2		
⇧ Shift		
Ctrl		
: ;		
Back Space		

续表

按　键	所在键区	作　用
F1		
Enter		
Delete		
↓		
Num Lock		

任务二　练习键位指法

进行文字录入操作时，对双手的手指进行严格分工可以提高按键的效率，从而提高打字的速度。下面详细介绍打字时手指的具体分工情况。

任务目标

本任务的目标是学会正确的打字姿势，掌握正确的键位指法，即明确双手手指具体负责的键位。本任务的学习，可以达到规范按键动作的目的。经过有效的记忆和科学的练习，最终实现盲打的效果。

知识补充

盲打是指录入文字时，不看屏幕、不看键盘、只看文稿，充分发挥手指触觉能力的一种打字方式。盲打是对打字人员的基本要求，练习盲打的基本方法是熟记键位指法。盲打之前还应做好以下工作。

①将要录入的文稿浏览一遍，把文稿中字迹模糊的地方理顺。

②根据录入习惯，将文稿尽量放在方便观看的地方。

③录入时要聚精会神、全神贯注，不受外界干扰。

相关知识

只有学会正确的打字姿势和正确的键位指法，才能提高打字的速度和准确率。

1. 正确的打字姿势

千万不要忽略坐姿的重要性，打字的时候一定要端正坐姿。正确的打字姿势不仅有助于提升打字速度，更重要的是有助于保护视力和身心健康。对于长期操作计算机的人而言，保持正确的打字姿势可以减少对身体的损耗。正确的打字姿势如图 1-6 所示，需要注意以下几点。

图1-6 正确的打字姿势

- 椅子高度适当，眼睛稍向下俯视屏幕，眼睛距离屏幕 30cm 左右。
- 身体端正，两脚自然平放于地面，身体与键盘的距离大约为 20cm。
- 两臂自然下垂，两肘置于腋下，手腕平直、不可弯曲，以免影响按键速度。
- 录入文字时，文稿一般置于计算机屏幕的左侧，以便查看。

2. 正确的键位指法

了解正确的打字姿势后，在操作键盘之前应学习手指在键盘上的具体分工。

（1）基准键位的手指分工

基准键位是指主键盘区中间的 8 个键位：【A】【S】【D】【F】【J】【K】【L】【;】键。其中【F】键和【J】键的键面上各有一个凸起的小横杠，便于盲打时通过触觉定位。使用键位指法按键之前，双手的手指应分别放在基准键位上，如图 1-7 所示。当按键完成后，手指应立即返回基准键位上，以待下一次按键。

左手 右手

A S D F G H J K L ;

小指 无名指 中指 食指 食指 中指 无名指 小指

图1-7 基准键位的手指分工

（2）其他键位的手指分工

除 8 个基准键位外，剩余键位的手指分工也有严格的规范，如图 1-8 所示。

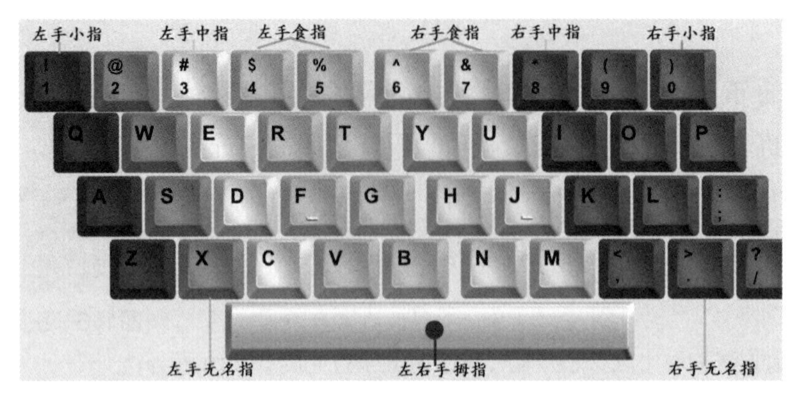

图1-8　其他键位的手指分工

知识补充

对于经常使用小键盘区的用户而言，在使用小键盘区录入数字时，可由右手的 5 个手指来负责快速录入操作，具体手指分工如表 1-3 所示。

表1-3　小键盘区手指分工

手指	对应键位	手指	对应键位
右手拇指	【0】	右手食指	【Num Lock】【7】【4】【1】
右手无名指	【*】【9】【6】【3】【.】	右手小指	【-】【+】【Enter】
右手中指	【/】【8】【5】【2】		

3．按键要领

要想准确、快速地录入文字，掌握按键要领并养成良好的按键习惯十分重要。这里根据文字录入人员和学校教师的实际经验，总结了以下几种按键方法。

- 手指自然弯曲放于基准键位上，按键时手指轻轻用力，而不是手腕用力。
- 左手按键时，右手手指应放在基准键位上保持不动；右手按键时，左手手指应放在基准键位上保持不动。按键后，手指要迅速返回相应的基准键位。
- 不要长时间按住一个键不放，按键要迅速。

（1）基准键位的按法

按【K】键的方法为：将双手手指轻放在基准键位上，抬起右手中指离键盘约 2cm，向下按【K】键，右手其他手指同时稍向上弹开即可完成按键操作。其他基准键位的按法与此类似。

（2）非基准键位的按法

按【W】键的方法为：将双手手指轻放在基准键位上，抬起左手无名指离键盘约2cm，然后稍向上移，同时用无名指向下按【W】键，同一时间其他手指稍向上弹开，按键后无名指迅速返回基准键位，注意右手手指在整个按键过程中保持不动。其他非基准键位的按法与此类似。

4. 金山打字通

金山打字通是金山公司推出的一款功能齐全、数据丰富、界面友好、集打字练习和测试于一体的打字软件。金山打字通针对不同用户的水平，制定了个性化的练习课程，包括英文打字、拼音打字和五笔打字课程，这 3 种打字课程均从易到难提供练习，便于用户循序渐进地练习打字，并且辅以打字游戏。

金山打字通的下载方法为：启动浏览器，通过百度等搜索网站搜索并下载“金山打字通 2016”。按照安装向导提示安装软件，完成后运行程序，金山打字通 2016 首页如图 1-9 所示。

图1-9 金山打字通2016首页

任务实施

1. 练习按基准键位

基准键位是按键时的主要参考位置，通过本次练习可快速熟悉基准键位的位置和键位指法。其具体操作如下。

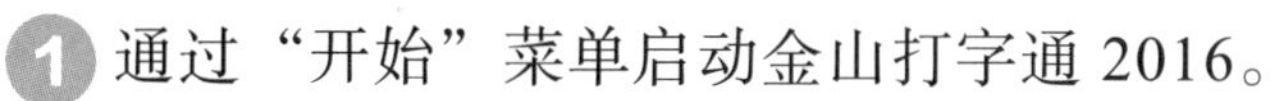

1 通过“开始”菜单启动金山打字通 2016。

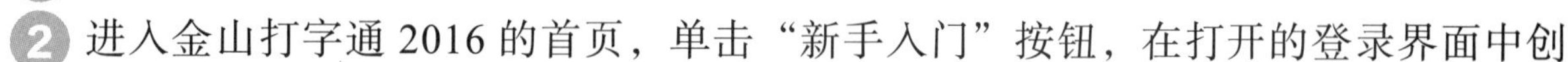

2 进入金山打字通 2016 的首页，单击“新手入门”按钮，在打开的登录界面中创

建账号并绑定 QQ，返回金山打字通 2016 首页。

3 再次单击“新手入门”按钮，在打开的提示对话框中选择“关卡模式”选项，单击按钮，打开图 1-10 所示的“新手入门”界面。

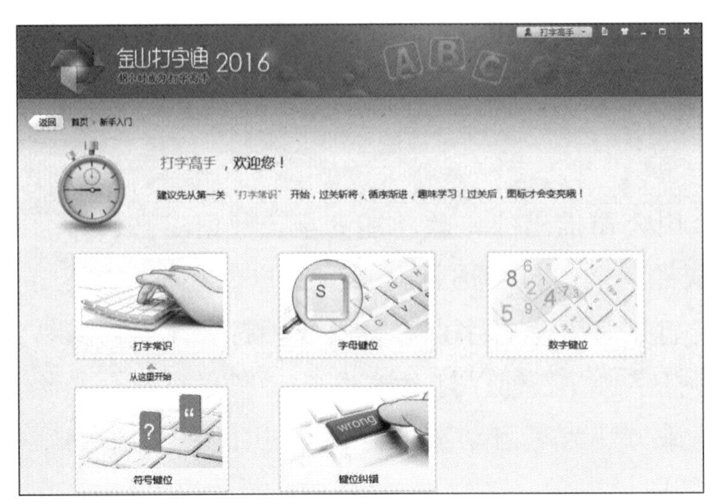

图1-10 “新手入门”界面

4 单击“打字常识”按钮，在打开的界面中依次单击按钮了解基本的打字常识。然后单击按钮开始打字常识过关测试，输入选项后单击按钮继续进行测试，如图 1-11 所示。

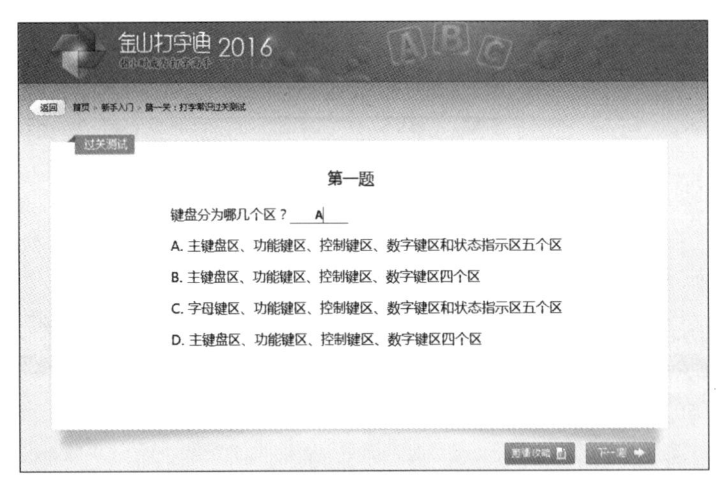

图1-11 打字常识过关测试

5 测试时，如果答题错误将会提示“答错啦”，此时可单击按钮查看答题攻略后重新答题。全部回答完成后单击按钮，再单击按钮，进入下一关“字母键位”板块。

6 “字母键位”板块默认从基准键位开始练习。将左手食指放在【F】键上，右手食指放在【J】键上，其余手指分别放在相应的基准键位上，然后根据当前练习界面上方显示的蓝色键位进行按键练习，如图 1-12 所示。

图1-12　基准键位练习

7 在练习过程中要严格遵循正确的键位指法，各个手指要各司其职。练习完成后，系统会提示“您已经完成‘基准键位’练习，现在已进入下一课”。

2．练习按上排键位

微课视频

练习按上排键位

熟悉基准键位后，继续在“字母键位”界面中练习录入位于基准键位上方的一排键位。练习过程中不要看键盘，规范键位指法和动作，其具体操作如下。

1 在“字母键位”界面中练习完基准键位和中排其他键位后，系统将自动进入“上排键位”练习课程。

2 根据当前练习界面上方显示的蓝色键位进行按键练习，如图 1-13 所示。

图1-13　上排键位练习

3 在按键过程中，注意感受基准键位与上排键位之间的距离。完成按键操作后，双手手指应立即返回相应的基准键位。练习完成后，系统会提示“您已经完成‘上排键位’练习，现在已进入下一课”。

知识补充

进行字母键位练习时，若想反复练习其中的某一个课程，可单击界面右上角相应的绿色数字按钮选择课程。需要注意的是，只有练习了相应课程后，该课程对应的按钮才会显示为绿色，否则显示为白色。

3. 练习按下排键位

因为练习按下排键位时需要手指弯曲按键，在按键过程中可能会出现手指偏移基准键位的情况，所以相对难一些。此时应放慢速度，力求按正确的指法进行录入操作。下面在“字母键位”界面中练习按下排键位，其具体操作如下。

1. 在“字母键位”界面中练习完“上排键位”课程后,系统将自动进入“下排键位”练习课程。

2. 根据当前练习界面上方显示的蓝色键位进行按键练习，如图 1-14 所示。

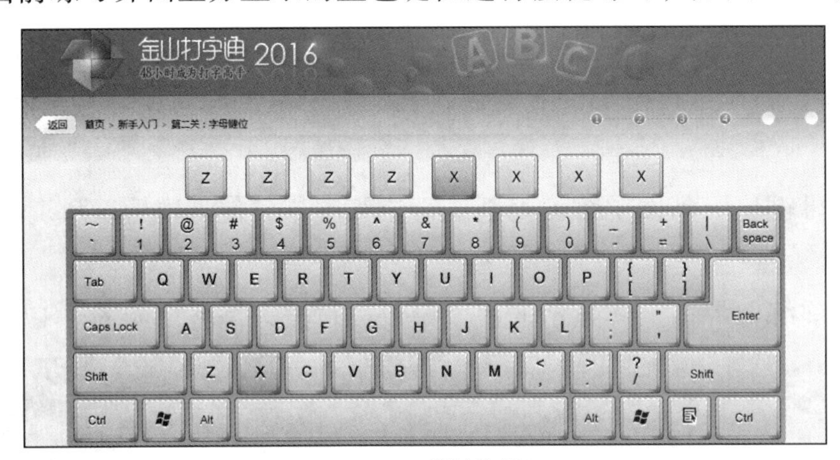

图1-14 下排键位练习

3. 在按键过程中，注意感受基准键位与下排键位之间的距离。完成按键操作后，双手手指应立即返回相应的基准键位。练习完成后，系统会提示“您已经完成‘下排键位’练习，现在已进入下一课”。

4. 分指练习

掌握了 10 个手指在键盘上的分工后，为了进一步巩固左右手的食指、中指、无名指、小指的指法，下面进行分指练习。其具体操作如下。

1. 启动金山打字通 2016 后，单击首页中的“新手入门”按钮，打开“新手入门”界面，单击“字母键位”按钮。

2. 打开“字母键位”界面后，单击课程选择按钮5。

3. 根据当前界面上方显示的蓝色键位进行左手食指键位练习，如图 1-15 所示。

图1-15　左手食指键位练习

❹ 练习完左手食指键位后，继续进行右手食指键位练习。在按键过程中，注意感受手指伸出的距离与角度，直至完成该练习。

❺ 所有练习完成后将打开提示对话框，单击 是 按钮，将进入“字母键位过关测试”板块，根据上面一行的提示按相应的键位进行测试，如图 1-16 所示。注意开始测试前需要按【Caps Lock】键开启大写状态，同时每组字母之间有一个空格，如果录入错误将出现提示音并以红色显示字母，速度要达到 30 字 / 分钟且正确率达到 95% 以上才能过关。

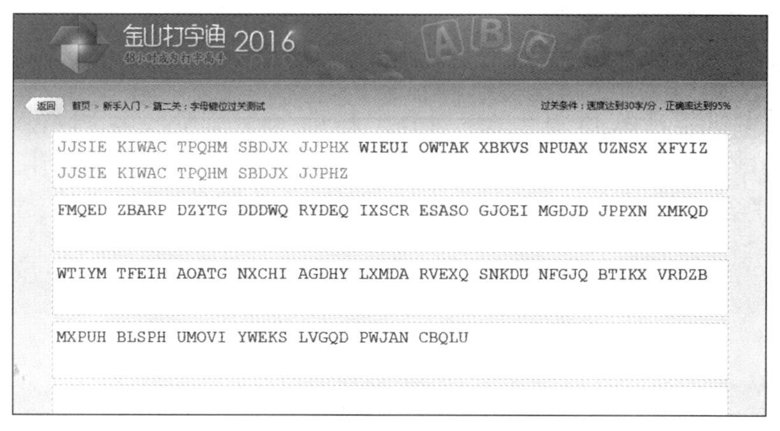

图1-16　字母键位过关测试

知识补充

“字母键位”界面的右下角有 3 个按钮，从左到右依次为“从头开始”按钮、“暂停”按钮、“测试模式”按钮，各按钮的含义如下。

- “从头开始”按钮。单击该按钮可将当前练习模式恢复至初始状态，然后从头开始键位练习。
- “暂停”按钮。单击该按钮可暂停练习，再次单击该按钮则可继续练习。
- “测试模式”按钮。单击该按钮将打开过关测试界面，根据界面内容进行录入操作，一旦达到过关条件，系统将自动进入下一关。

5. 练习按数字键位

主键盘区和小键盘区中都有数字键位，经常使用小键盘区的用户，可以专门针对小键盘区进行数字键位的练习。下面利用金山打字通 2016 进行数字键位练习，其具体操作如下。

1 完成“字母键位”板块中的所有练习后便可激活“数字键位”板块，或直接在“新手入门”界面中单击“数字键位”按钮。

2 打开“数字键位（主键盘）”界面后，根据当前练习界面上方显示的蓝色键位进行主键盘区中的数字键位练习，如图 1-17 所示。

图1-17 主键盘区中的数字键位练习

3 练习完主键盘区中的数字键位后，将进行数字键位与相近符号键位的综合练习 。

4 单击“数字键位（主键盘）”界面右下角的“小键盘”按钮。

5 打开“数字键位（小键盘）”界面后，根据当前练习界面上方显示的蓝色键位进行小键盘区中的数字键位练习，如图 1-18 所示。

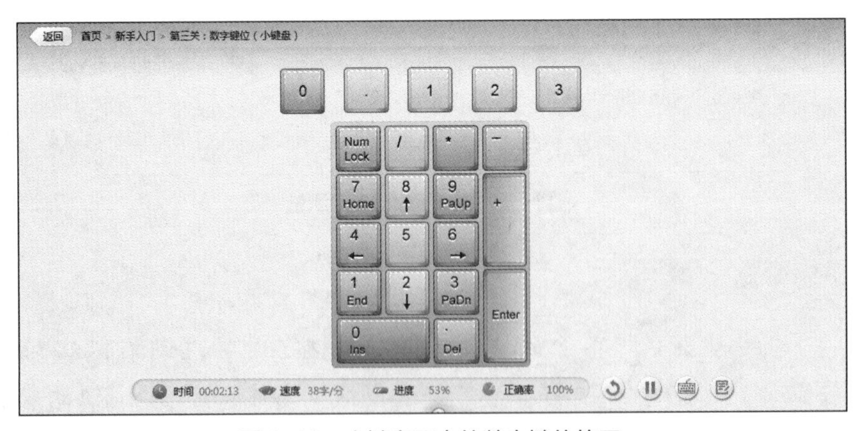

图1-18 小键盘区中的数字键位练习

6 完成“数字键位”板块中的所有规定练习课程后，可在打开的提示对话框中单击是按钮进入测试界面，根据测试界面显示的内容进行数字键位测试，可以运用主键盘区或小键盘区中的数字键位录入，如图 1-19 所示。

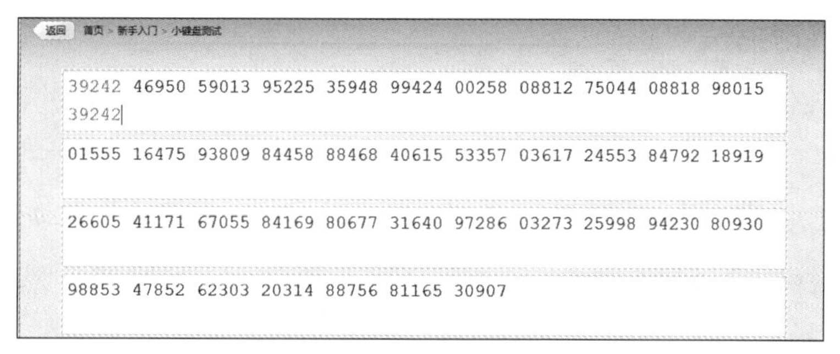

图1-19　数字键位测试

6. 练习按符号键位

标点符号也是打字过程中不可缺少的元素之一。下面通过金山打字通2016练习难度更大的上档字符和下档字符的录入，注意灵活使用【Shift】键录入上档字符。其具体操作如下。

1 启动金山打字通2016后，在"新手入门"界面中单击"符号键位"按钮。

2 打开"符号键位"界面后，根据当前练习界面上方显示的蓝色键位先进行下档字符键位练习，如图1-20所示。

图1-20　下档字符键位练习

3 完成下档字符键位练习后，进行上档字符键位练习，如图1-21所示。在练习过程中，若要录入右侧的上档字符，可用左手小指按住左侧的【Shift】键，同时按所需的键。反之，若要录入左侧的上档字符，则使用右手小指按住右侧的【Shift】键，同时按所需的键。

图1-21　上档字符键位练习

4 完成所有符号键位的练习后，可进入测试界面检测练习成果。

7. 通过游戏练习指法

在金山打字通 2016 中试玩打字游戏“拯救苹果”，在玩游戏的过程中进一步提高对字母键位的熟悉程度，同时还可以锻炼反应能力，提高打字兴趣。玩游戏时不要求录入速度，但要保证正确率为100%。其具体操作如下。

① 进入金山打字通 2016 首页后，单击右下角的“打字游戏”按钮，然后在“打字游戏”界面中单击“拯救苹果”超链接。

② 待系统成功安装该游戏后，再次单击“拯救苹果”超链接打开游戏界面，单击“开始”按钮开始游戏，如图 1-22 所示。

③ 此时树上的苹果会往下掉，只有正确录入苹果上显示的字母，苹果才会掉到篮子里，如图 1-23 所示，否则苹果就会掉到地上摔碎。

图1-22 单击“开始”按钮

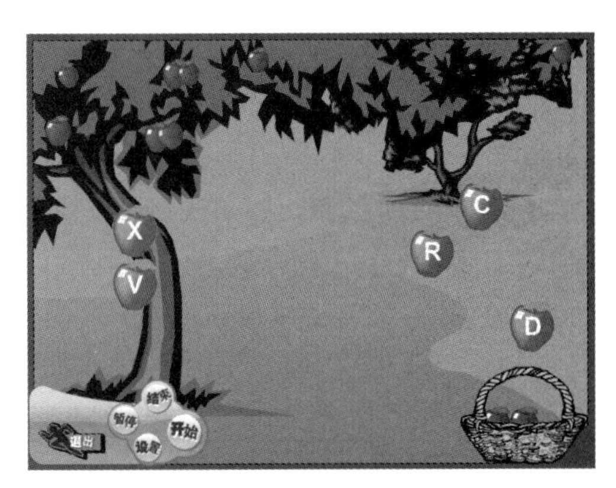

图1-23 通过游戏练习指法

实训一 在记事本中进行录入练习

【实训要求】

完成所有的键位练习课程后，用户已基本掌握键盘上各键位的布局，同时也能熟练运用键位指法。本实训将在记事本中进行录入练习，如图 1-24 所示。要求在录入过程中严格按照正确的键位指法进行盲打操作，限时 8 分钟，正确率为 100%。

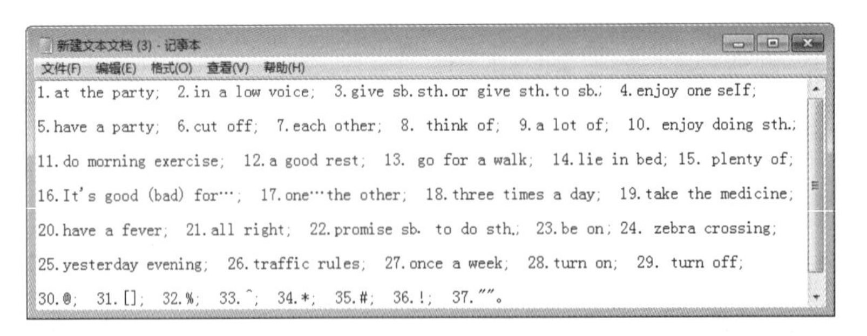

图1-24 录入练习

【实训思路】

首先调整好打字姿势，然后启动记事本程序，严格按照前面学习的键位指法进行录入练习。对于文档中的数字字符，可直接在小键盘区录入，这样可提高录入速度。

【步骤提示】

1 选择【开始】/【所有程序】/【附件】/【记事本】菜单命令，启动记事本程序。

2 录入字符内容。在录入过程中尽量不看键盘，以练习盲打；注意每个单词之间的空格用【Space】键录入，需要换行时可直接按【Enter】键。

实训二 通过金山打字通进行综合练习

【实训要求】

本实训将通过金山打字通 2016 进行综合练习。要求字母和数字录入速度达到 30 字 / 分钟，正确率达到 95%；符号录入速度达到 20 字 / 分钟，正确率达到 95%。

【实训思路】

本次实训将分别通过“字母键位”“数字键位”“符号键位”板块的“过关测试”功能进行练习，“过关测试”功能有每分钟字数和正确率的限制，所以要保证一定的录入速度和正确率。

【步骤提示】

1 启动金山打字通 2016 后，在“新手入门”界面中单击“字母键位”按钮，打开“字母键位”界面。

2 单击“测试模式”按钮，打开“字母键位过关测试”界面，如图 1-25 所示。

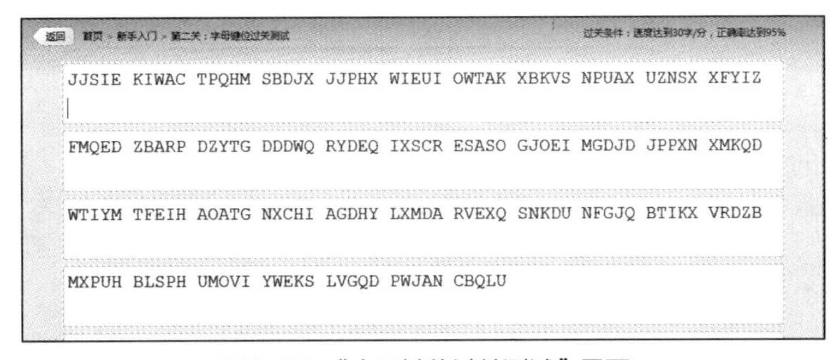

图1-25 “字母键位过关测试”界面

3 根据上方的字母按对应键即可完成录入。注意测试的内容全是大写字母，应按【Caps Lock】键进入大写锁定状态后再开始录入。

4 测试完成后，系统会自动打开过关提示对话框，如图 1-26 所示。单击 下一关 按钮，打开“数字键位”界面。

图1-26 过关提示对话框

5 单击“测试模式”按钮，打开“数字键位过关测试”界面。

6 根据上方的数字按对应键即可完成录入。此测试是纯数字组合，建议使用小键盘区进行录入操作。

7 测试完成后，系统会自动打开过关提示对话框，单击按钮，打开“符号键位”界面。

8 单击“测试模式”按钮，打开“符号键位过关测试”界面。

9 根据上方的符号按对应键即可完成测试。注意其中有些符号容易混淆，如要分清楚“`”和“'”的区别。

课后练习

（1）将各手指在主键盘区中负责的键位填入括号中。

左手小指负责的键位是（ ）。

左手无名指负责的键位是（ ）。

左手中指负责的键位是（ ）。

左手食指负责的键位是（ ）。

右手食指负责的键位是（ ）。

右手中指负责的键位是（ ）。

右手无名指负责的键位是（ ）。

右手小指负责的键位是（ ）。

双手拇指负责的键位是（ ）。

（2）对字母键位、数字键位、符号键位进行反复练习后，金山打字通 2016 会自动记忆用户在练习时录入错误的键位，用户可再一次进行练习，以加深对易错键位的位置和正确的键位指法的印象。下面在金山打字通 2016 中进行键位纠错练习，其具体操作如下。

❶ 启动金山打字通 2016，在其首页中单击“新手入门”按钮。

❷ 打开“新手入门”界面后，单击“键位纠错”按钮，打开“键位纠错”界面（必须通过“新手入门”前 4 关才能进行纠错）。

❸ 根据当前练习界面上方显示的蓝色键位录入曾在练习过程中录入错误的键位，如图 1-27 所示。

图1-27　键位纠错练习

（3）在记事本程序中进行图 1-28 所示的综合键位练习，不要求录入速度，但要保证用正确的打字姿势和准确的手指分工来完成此次训练。

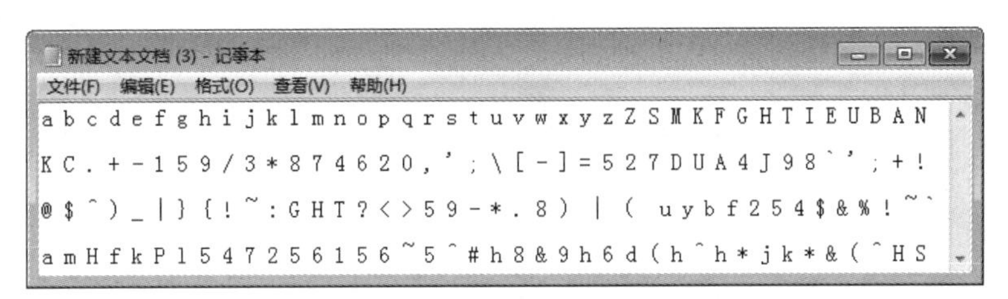

图1-28　综合键位练习

1. 打字时键盘类型的选择

按工作原理分类，市面上的键盘可分为塑料薄膜式键盘、机械键盘、导电橡胶式键盘、无接点静电电容式键盘等。其中常见的是塑料薄膜式键盘，它的优点是价格低、噪声小，但这种键盘长期使用后由于材质问题手感会发生变化，不利于学习打字。建议使用易维护、打字节奏感强的机械键盘，即使长期使用，手感也不会发生改变。

2. 主键盘区的数字键位训练技巧

最好在掌握了小键盘区的数字键位指法后，再练习按主键盘区的数字键位。按上排或下排键位时，手指始终是以中排键位为基点进行小范围移动。对于主键盘区的数字键位，由于与基准键位之间隔了一排键位，因此按键时手指移动距离变大，按键准确率下降。如果已经对字母键位非常熟悉，那么手指就能准确移动，此时，再练习按数字键位的难度就相对较小。

项目二

英文录入

情景导入

老洪：米拉，键盘指法练习得怎么样了？

米拉：我最近一直在利用业余时间练习，已经比较熟练了。我现在可以开始文章的录入练习了吗？

老洪：我们工作中的打字包括英文打字和中文打字，现在就先从最简单的英文打字开始练习。

米拉：太棒了，自从我学会了正确的键位指法后，每天都会练习录入英文字母。

老洪：米拉，没想到你这么勤奋。前面的练习已经奠定了一定的英文录入基础，接下来就从录入单词开始学习，然后再练习文章的录入。

米拉：好的，我已经迫不及待了。

学习目标

- 掌握英文单词的录入方法
- 掌握英文文章的录入方法
- 熟悉测试英文打字速度的具体操作

技能目标

- 能够正确地录入英文单词
- 能够正确录入不同的英文文章
- 英文文章的录入速度不低于100字/分钟

任务一 练习录入英文词句

英文词句在录入工作中十分常见。英文字母录入练习的目的是提高用户对键盘和指法的熟悉程度。为了进一步提升大家的英文字母综合录入能力，下面进行英文词句录入练习。

任务目标

本任务练习使用金山打字通 2016 录入英文词句，要求严格按照正确的键位指法进行英文词句录入练习，力求在正确率不低于 95% 的情况下提升录入速度。

相关知识

金山打字通 2016 是一款集成了“新手入门”“英文打字”“拼音打字”“五笔打字”等板块的打字软件，用户需要完成晋级任务才能激活相应的板块。完成“新手入门”板块的学习后，下面开始学习“英文打字”板块。

1. 认识“英文打字”板块

启动金山打字通 2016 后，在首页中单击“英文打字”按钮，打开“英文打字”界面，如图 2-1 所示。该界面包括“单词练习”“语句练习”“文章练习” 3 个板块，各板块的内容介绍如下。

图2-1 “英文打字”界面

- **“单词练习”板块**。该板块收纳了常用单词、小学英语单词、初中英语单词、高中英语单词、大学英语单词等词汇，通过练习可熟练录入英文单词并加强对英语词汇的了解。
- **“语句练习”板块**。该板块收纳了常用英语语句，通过练习可加强对英语语法的了解。

- **“文章练习”板块**。该板块收纳了小说、散文、笑话等不同类型的英文文章，用户可以根据自己的需要进行选择。

2. 英文词句录入技巧

在日常工作中，经常会遇到如编写邮件、软件聊天、论坛评论等需要录入英文词句的情况。为了准确、快速地录入所需单词，可按以下方法进行录入操作。

- 双手手指放于基准键位，保持手腕悬空。
- 坚持盲打，不要弯腰、低头，不要将手腕和手臂靠在键盘上。
- 遇到大、小写字母混合录入的情况，可配合【Shift】键快速录入大写英文字母。
- 录入英文单词时，利用【Space】键分隔单词。
- 录入英文句子时，句首单词的首字母要大写。

任务实施

1. 练习录入英文单词

下面将在金山打字通 2016 中练习录入英文单词，录入过程中要严格按照前面所学的键位指法知识执行操作，其具体操作如下。

❶ 启动金山打字通 2016，在首页中单击“英文打字”按钮，打开“英文打字”界面，单击“单词练习”按钮。

❷ 打开“单词练习”界面，根据界面上显示的单词进行按键练习，如图 2-2 所示。界面下方会根据用户的录入情况自动显示练习时间、速度、进度、正确率等信息，便于用户根据数据调整练习进度。

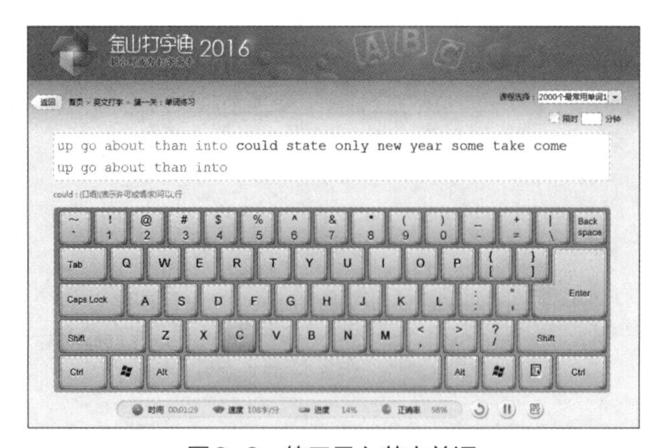

图2-2　练习录入英文单词

❸ 英文单词录入完成后，单击右下角的“测试模式”按钮。

❹ 打开“单词练习过关测试”界面进行测试，如图 2-3 所示。当录入速度达到 70 字 / 分钟、正确率达到 95% 时即可过关。

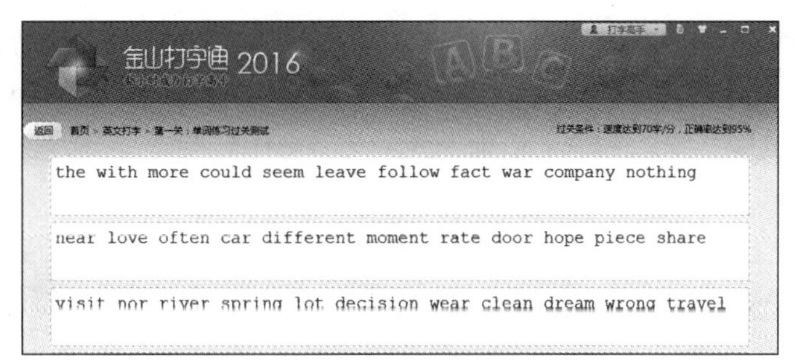

图2-3 进行单词练习过关测试

5 测试完成后，系统将自动打开一个提示对话框，提示用户已通过单词练习，并显示打字成绩，如图 2-4 所示，单击“下一关”按钮进入下一关。

图2-4 通过单词练习过关测试

知识补充

在练习过程中，若出现按键错误，录入的错误字母及上方的范文会呈红色，下方键盘图的相应键位上将同时显示“×”，此时可按键盘上的【Back Space】键删除光标左侧的错误字符，然后根据练习界面中显示的蓝色键位重新录入正确的字符。

2. 练习录入常用英文语句

完成单词测试后，软件将自动激活“语句练习”板块，用户可继续在金山打字通 2016 中练习录入英文语句，要求最终达到 75 字 / 分钟的录入速度和 95% 的正确率，其具体操作如下。

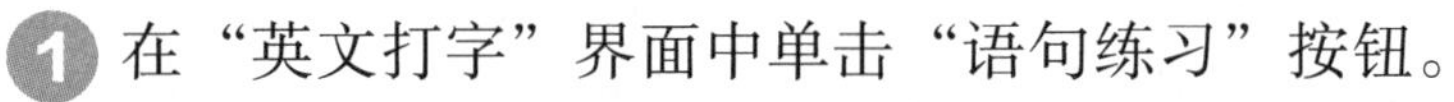

1 在“英文打字”界面中单击“语句练习”按钮。

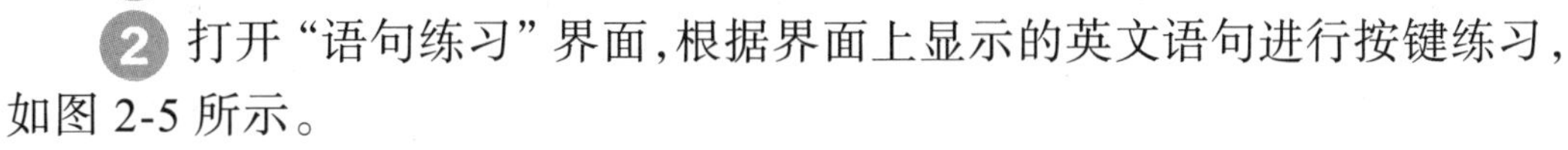

2 打开“语句练习”界面，根据界面上显示的英文语句进行按键练习，如图 2-5 所示。

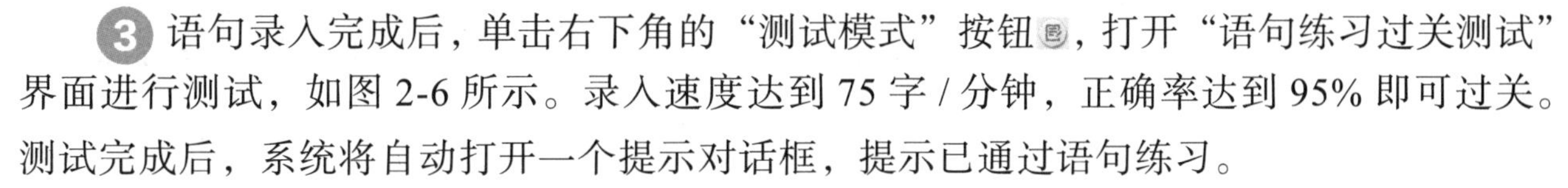

3 语句录入完成后，单击右下角的“测试模式”按钮，打开“语句练习过关测试”界面进行测试，如图 2-6 所示。录入速度达到 75 字 / 分钟，正确率达到 95% 即可过关。测试完成后，系统将自动打开一个提示对话框，提示已通过语句练习。

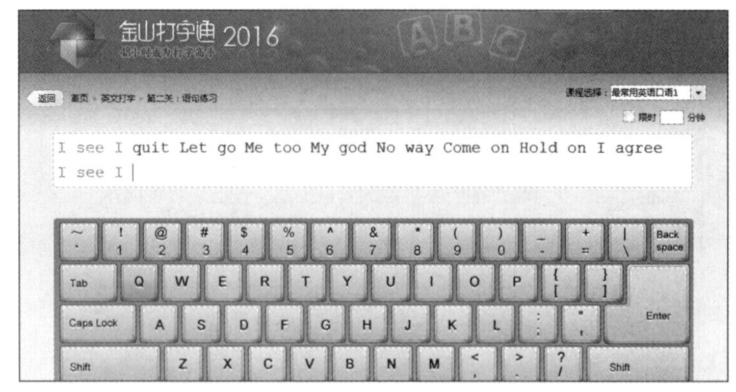

图2-5 语句练习

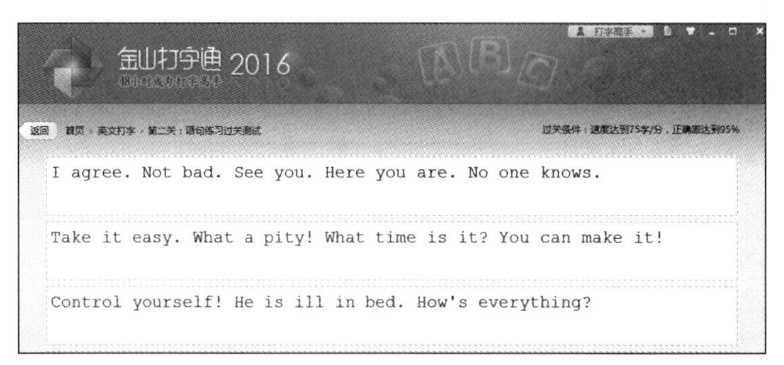

图2-6 进行语句练习过关测试

金山打字通 2016 中设置了全新的任务关卡练习模式，只有完成给定任务才能过关。例如，在“英文打字”板块中，首先进行单词练习，当练习完规定课程或是通过测试后，可激活“语句练习”板块。该模式对“拼音打字”和“五笔打字”板块同样适用。

3. 通过游戏练习单词录入

完成语句练习后，用户可以通过试玩打字游戏巩固前面所学的知识，并对自己对键位的熟悉程度和录入单词的能力进行检验。下面试玩“激流勇进”游戏。

1 在“英文打字”板块的“语句练习”界面中单击“首页”超链接，返回金山打字通 2016 的首页，单击右下角的“打字游戏”按钮。

2 打开“打字游戏”界面后，单击“激流勇进”超链接。待游戏下载完成后，再次单击“激流勇进”超链接，打开“激流勇进”游戏的开始界面，如图 2-7 所示。

3 单击“开始”按钮，开始游戏。此时，河面上会按一定方向水平漂动 3 层荷叶，并且每片荷叶上都有一个单词，加上对岸荷叶上的单词，用户需按从近到远的顺序依次录入 4 层荷叶上的任意一个单词，只有在青蛙所在的荷叶飘走前成功录入所有单词，才能将青蛙送过河，如图 2-8 所示。

图2-7 “激流勇进”游戏的开始界面

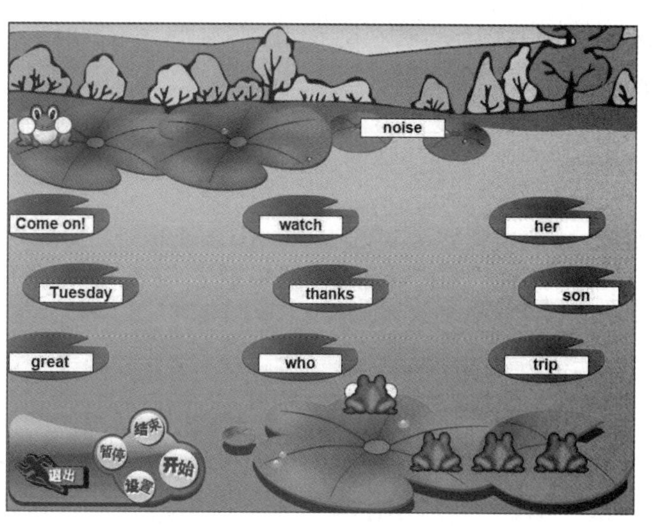

图2-8 开始“激流勇进”游戏

知识补充

在“激流勇进”游戏中，一旦录入某一片荷叶上的单词，就不能再录入同一层中另外荷叶上的单词，只有按【Esc】键取消对该单词的选择后，才能再次录入同一层其他荷叶上的单词。除此之外，青蛙只能垂直向前跳跃而不能水平跳跃。

4 成功将荷叶上的 5 只青蛙运送过河后，系统将自动打开通关提示对话框，如图 2-9 所示。单击按钮，可继续玩该游戏；单击按钮，将进入难度更高的关卡，游戏规则不变；单击按钮，可停止游戏。

图2-9 通关提示对话框

知识补充

在“激流勇进”游戏开始之前，可单击游戏开始界面中的“设置”按钮，在打开的“功能设置”对话框中选择练习词库和游戏难度，各参数含义如下。

- “课程选择”下拉列表框：单击右侧的下拉按钮，打开的下拉列表框中包含各阶段词汇表的名称，每个词汇表都是一个独立的课程，用户可根据实际需求选择要练习的课程。
- “难度等级”滑块：沿左右方向拖曳滑块可设置游戏难度等级，该游戏的最高等级为9级。

任务二 练习录入英文文章

完成“语句练习”板块的任务后，便可通过该板块的过关测试激活“英文打字”界面的最后一个板块——“文章练习”。通过“文章练习”板块的练习，用户不仅可以提升英文打字的整体水平，还能快速掌握单词和语法的使用方法。下面介绍英文文章练习的具体操作方法。

任务目标

本任务在金山打字通 2016 中完成，要求严格按照正确的按键指法录入英文文章，并在正确率不低于 95% 的情况下将录入速度至少提高至 100 字 / 分钟。

相关知识

在金山打字通 2016 中，除了可以依次进行单词、语句、文章的录入练习外，还可以选择打字测试和自定义课程内容。

1. 自定义练习课程

金山打字通 2016 相应练习板块的“课程选择”下拉列表框中提供了大量的练习课程。如果这些课程不能满足实际的工作或学习需求，用户可以将自己喜欢的文章或是工作中经常用到的内容添加到相应的练习板块中进行专项训练。

自定义练习课程的方法为：首先在“课程选择”下拉列表框中单击“自定义课程”选项卡，然后单击+添加按钮或“立即添加”超链接，打开“金山打字通 - 课程编辑器”对话框，在其中设置课程内容和名称，如图 2-10 所示，最后单击保存按钮完成自定义设置。

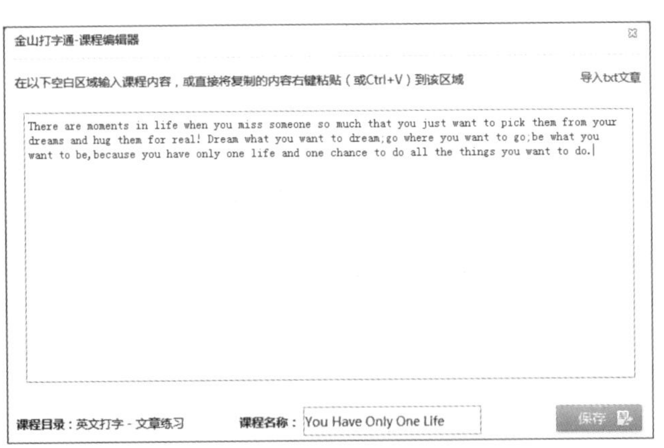

图2-10　自定义练习课程

2. 认识“打字测试”板块

金山打字通 2016 的打字测试功能可以将用户的打字速度和正确率以曲线的形式直观地显示出来。打字测试方式分为单机对照测试和在线对照测试两种。

- **单机对照测试**。金山打字通 2016 的默认测试文章显示在“打字测试”界面中，用户对照屏幕内容进行录入测试。完成测试后，软件会自动打开进步曲线图，以便用户了解自己的打字水平。测试模拟了实际应用中对照指定文章录入英文的情况。在首页中单击打字测试按钮，即可打开“打字测试”界面。该界面中包含英文测试、拼音测试、五笔测试3个单选项，选择所需的单选项将切换到相应的测试内容。

- **在线对照测试**。在金山打字通2016首页单击账户名，在弹出的下拉列表框中单击“设置”按钮，然后在弹出的列表框中单击“打字测试”按钮，如图2-11所示；此时，系统将自动启动浏览器，并打开金山打字通2013官方打字测试页面，用户只需对照页面的内容进行在线录入测试即可。完成测试后，页面将自动给出相应的测试成绩，包括测试时间、正确率、速度、打字速度峰值等统计分析结果。

图2-11 在线对照测试

任务实施

1. 练习英文课程

文章练习课程分为默认课程和自定义课程两种类型，下面在“文章练习”板块中自定义名为“Overcoming the Obstacle”的练习文章，然后对新添加的文章进行练习。在练习时打字姿势要正确，尽量不看键盘，打字速度最终达到100字/分钟，正确率达到95%，其具体操作如下。

(1) 启动金山打字通 2016，在首页中单击“英文打字”按钮，打开“英文打字”界面后，单击“文章练习”按钮，如图 2-12 所示。

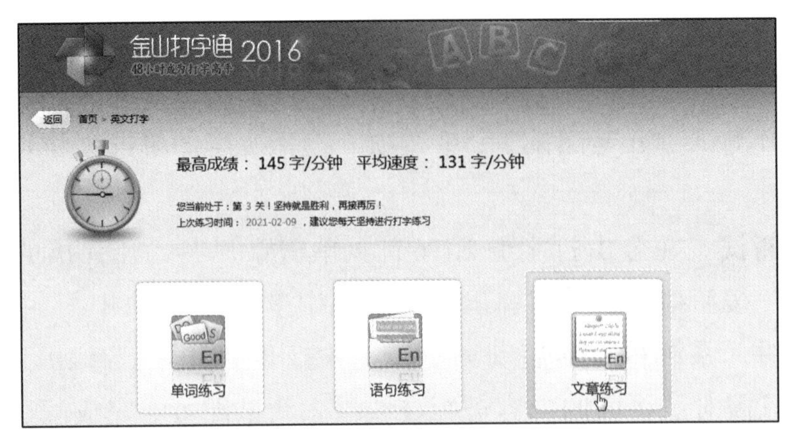

图2-12 单击“文章练习”按钮

2 在“文章练习”界面中单击“课程选择”右侧的下拉按钮，在展开的下拉列表框中单击“自定义课程”选项卡，如图 2-13 所示。

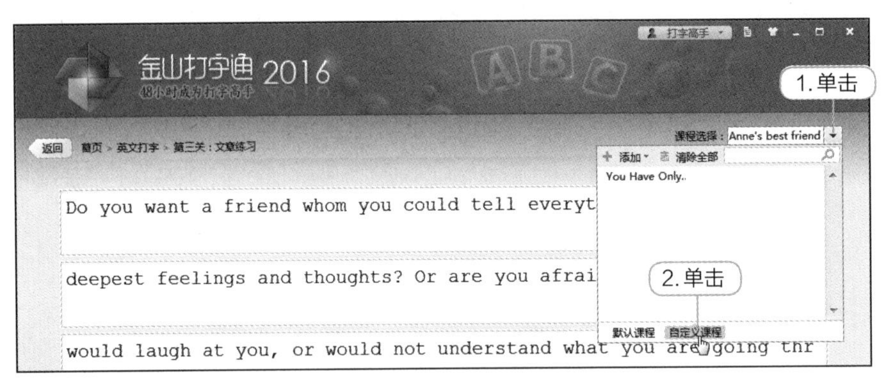

图2-13 单击“自定义课程”选项卡

3 单击 添加 按钮，在弹出的列表框中选择“单个添加”或“批量添加”选项，这里选择“单个添加”选项。

4 打开“金山打字通 - 课程编辑器”对话框，录入要练习的课程内容，这里打开素材（素材参见：素材文件 \ 项目二 \ 任务二 \My Dream Home.txt），将文本内容粘贴到输入框中，再在“课程名称”文本框中录入文章标题，单击 保存 按钮，如图 2-14 所示。

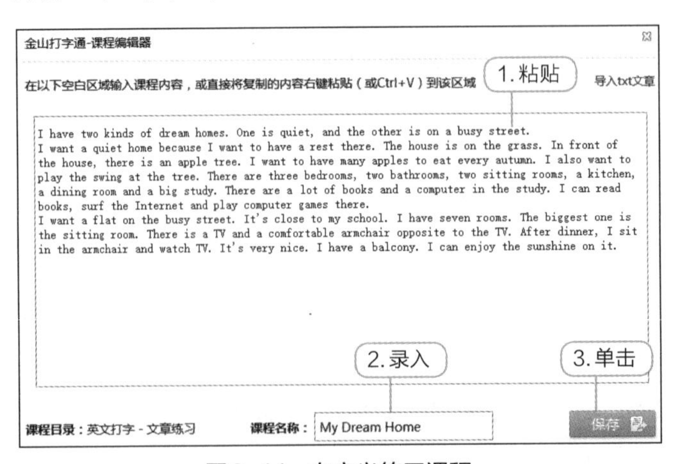

图2-14 自定义练习课程

5 此时，系统将自动打开保存课程成功提示对话框，单击 确定 按钮。

6 返回“课程选择”下拉列表框，其中自动显示了新添加的文章“My Dream Home”。单击文章标题选择该课程，如图 2-15 所示。

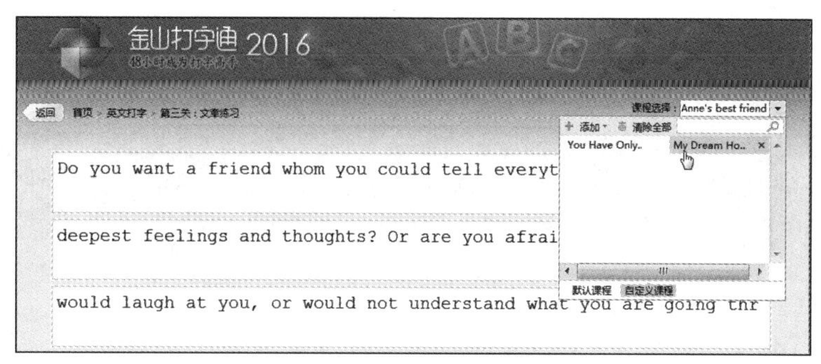

图2-15 选择新添加的课程

7 进入文章练习模式，保持正确坐姿，严格按照前面学习的键位指法进行英文文章录入练习，如图 2-16 所示，直到达到练习要求。

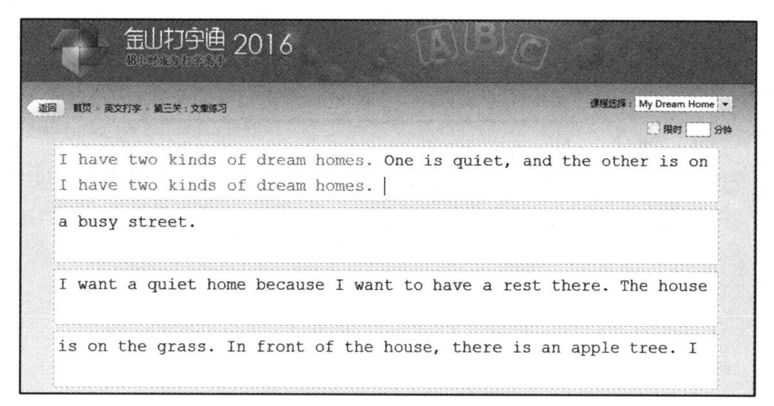

图2-16 练习自定义课程

知识补充

在自定义课程内容时，除了可以采用直接录入、复制和粘贴的方法外，还可以利用导入文本文件的方式来实现。方法为：在“金山打字通－课程编辑器”对话框中单击“导入 txt 文章”超链接，打开图 2-17 所示的“选择文本文件”对话框，选择要添加的格式为 .txt 的文件后，单击 打开(O) 按钮；返回“金山打字通－课程编辑器”对话框，设置课程名称后依次单击 保存 和 确定 按钮。

图2-17 打开自定义课程

2. 测试英文打字速度

完成所有英文打字练习后，用户可以利用金山打字通 2016 的“打字测试”板块测试打字速度，测试过程中可进行暂停、从头开始、删除等操作。下面用英文文章“dream”测试打字速度，其具体操作如下。

1 启动金山打字通 2016，在首页中单击打字测试按钮。

2 打开“打字测试”界面，选择“英文测试”单选项，在“课程选择”下拉列表框中选择“dream”选项，如图 2-18 所示。

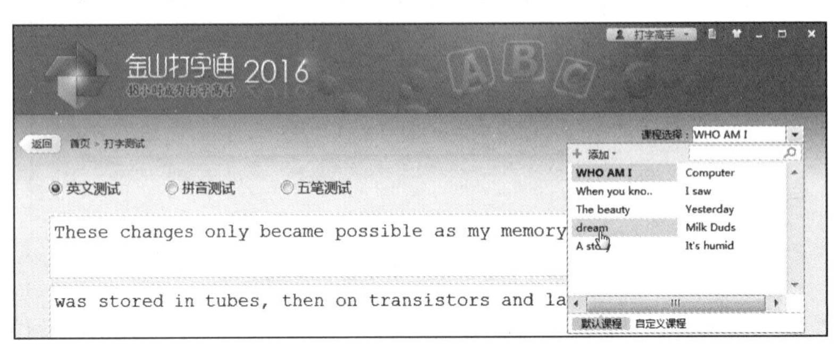

图2-18 选择需要测试的英文课程

3 返回“打字测试”界面，开始测试英文打字速度，如图 2-19 所示。遇到上档字符时，可利用【Shift】键进行辅助录入。

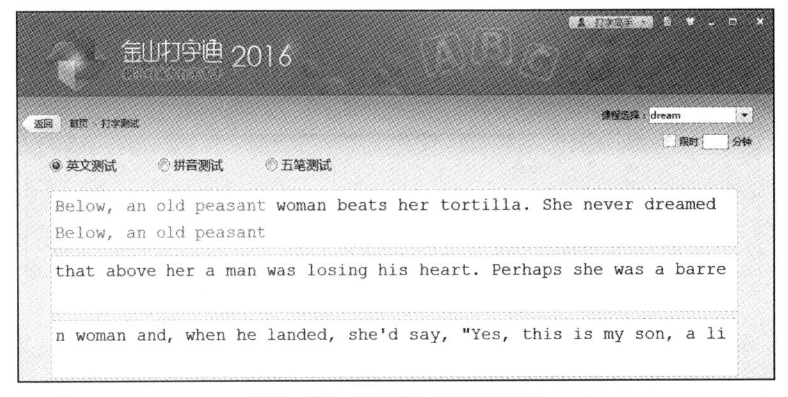

图2-19 测试英文打字速度

4 文章录入完成后，单击右下角的“进步曲线”按钮，打开图 2-20 所示的成绩统计分析结果。

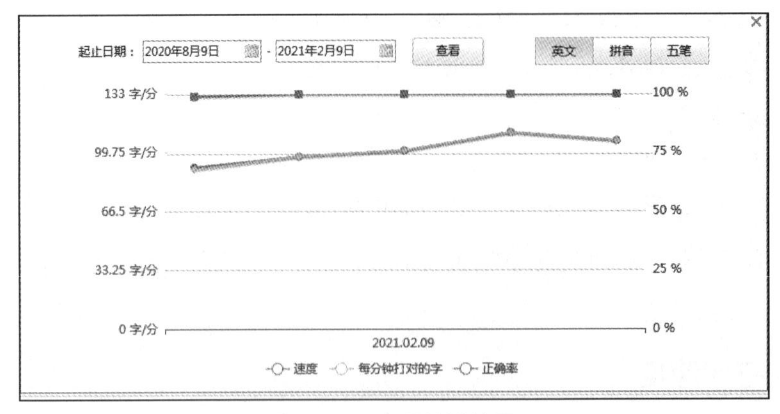

图2-20 查看统计结果

3. 通过游戏练习文章录入

微课视频

通过游戏练习文章录入

完成打字测试后，用户可以试玩金山打字通 2016 提供的文章录入游戏“生死时速”，以此来舒缓测试时的紧张情绪。通过有趣的练习，用户可以提高自身的英文文章盲打录入能力，其具体操作如下。

1 启动金山打字通 2016，单击首页右下角的打字游戏按钮。

2 打开“打字游戏”界面后，单击“生死时速”超链接，待游戏下载完成后，再次单击“生死时速”超链接。

知识补充

“生死时速”是一款角色扮演类游戏，分为单人游戏和双人游戏两种模式。在单人游戏中，用户可以选择警察或小偷的角色练习录入文章，根据录入栏内的文章录入正确的字母和符号就能让所选角色沿道路前进。双人游戏需要连接互联网才能开始游戏，游戏中，选择加速道具会改变游戏难度，谁的打字速度快，谁获胜。

3 进入“生死时速”游戏开始界面，单击单人游戏按钮，如图 2-21 所示。

图2-21 “生死时速”游戏开始界面

4 进入游戏参数设置界面，在其中可以选择人物、加速道具、练习文章，这里选择警察、自行车、“Chinese film”文章，然后单击开始按钮，如图 2-22 所示。

图2-22 设置游戏参数

5 开始游戏。根据提示栏中显示的文章，按照正确的键位指法录入对应的字母或标点符号，此时，所选角色将会沿着道路前进，如图 2-23 所示。当警察追上小偷后，游戏胜利。反之，游戏失败。

图2-23 开始“生死时速”游戏

实训一 自定义录入商务英语邀请函

【实训要求】

在金山打字通 2016 中录入图 2-24 所示的商务英语邀请函，要求将其添加为自定义课程。在录入过程中严格按照正确的键位指法进行盲打操作，限时 5 分钟，正确率为 100%。

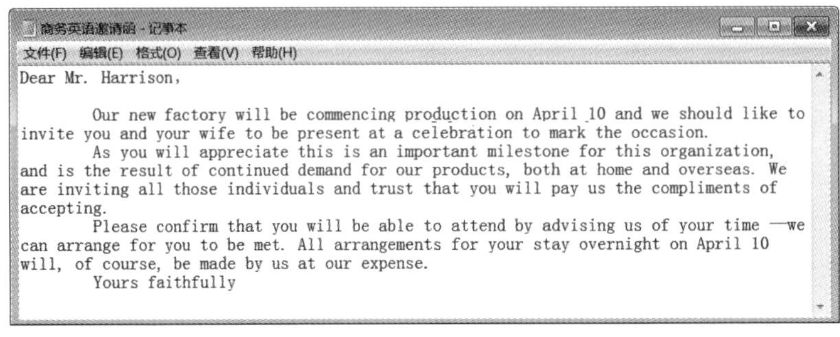

商务英语邀请函 - 记事本

文件(F) 编辑(E) 格式(O) 查看(V) 帮助(H)

Dear Mr. Harrison,

Our new factory will be commencing production on April 10 and we should like to invite you and your wife to be present at a celebration to mark the occasion.

As you will appreciate this is an important milestone for this organization, and is the result of continued demand for our products, both at home and overseas. We are inviting all those individuals and trust that you will pay us the compliments of accepting.

Please confirm that you will be able to attend by advising us of your time —we can arrange for you to be met. All arrangements for your stay overnight on April 10 will, of course, be made by us at our expense.

Yours faithfully

图2-24 商务英语邀请函

【实训思路】

本实训首先要将商务英语邀请函添加到“打字测试”板块中的“英文测试”课程中，然后选择新添加的课程，最后严格按规范进行录入操作。按错键时，可用右手小指按【Back Space】键删除后重新录入，以此保证正确率。

微课视频

自定义录入商务英语邀请函

【步骤提示】

1 启动金山打字通 2016，单击“打字测试”按钮，打开“打字测试”界面。

2 选择“英文测试”单选项，在“课程选择”下拉列表框中单击“自定义课程”选项卡，再单击“立即添加”超链接。

3 打开“金山打字通-课程编辑器”对话框，单击右上角的“导入txt文章”超链接，在打开的“选择文本文件”对话框中选择要添加的“商务英语邀请函”(素材参见:素材文件\项目二\实训一\商务英语邀请函.txt),单击打开(O)按钮,如图2-25所示。

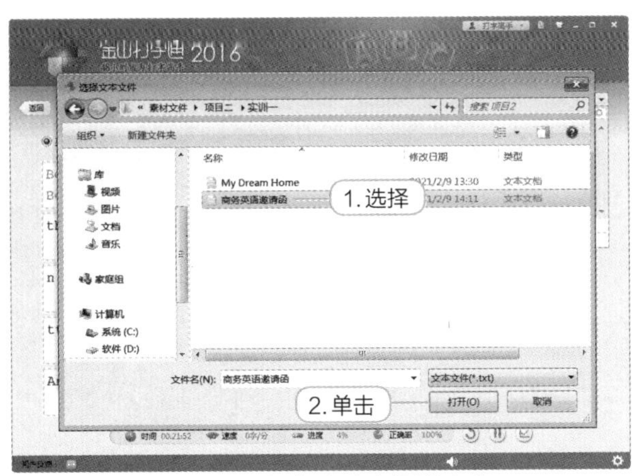

图2-25 添加自定义课程内容

4 返回“金山打字通-课程编辑器”对话框，在“课程名称”文本框中录入“商务英语邀请函”，然后单击保存按钮。

5 在打开的提示对话框中单击确定按钮，将自定义课程成功保存至目标位置。

6 返回“课程选择”下拉列表框的“自定义课程”选项卡,单击“商务英语邀请函”,开始文章录入测试。

实训二 在线测试英文打字速度

【实训要求】

通过金山打字通2016进行在线英文打字测试，完成后查看测试结果。要求英文录入速度为120字/分钟，正确率为100%。

【实训思路】

本实训首先要通过金山打字通2016的账户设置，打开“金山打字通2013官方打字测试”页面(沿用了金山打字通2013的页面,未更新版本),然后单击“测试英文打字”按钮，即可开始在线测试英文打字速度。在线对照测试只能录入规定文章，并且每次测试的文章都不相同。

微课视频

在线测试英文打字速度

【步骤提示】

1 在金山打字通2016首页单击账户名，在弹出的下拉列表框中单击“设置”按钮，然后在弹出的列表框中单击“打字测试”按钮。

2 打开“金山打字通 2013 官方打字测试”页面后，单击“测试英文打字”按钮。

3 进入英文打字测试页面，根据页面显示的范文，正确录入相应的字母和标点。系统将从录入第一个符号时开始计时，记录相应的打字速度和正确率，如图 2-26 所示。

4 文章录入完成后，单击页面右上角的交卷>>按钮，将会打开图 2-27 所示的测试成绩统计分析页面，通过该页面可以查看此次测试的详细结果。

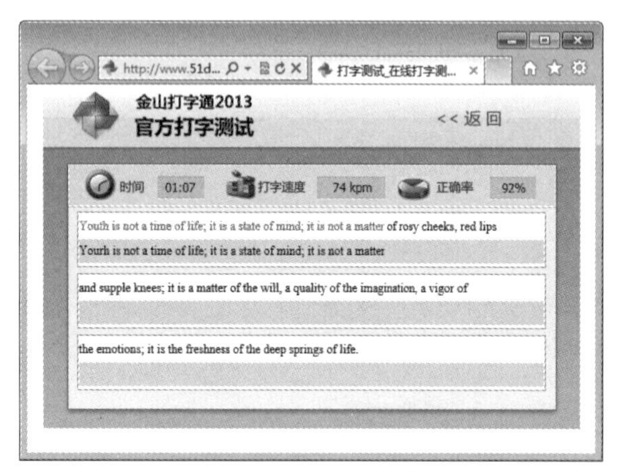

图2-26 进行英文打字测试

图2-27 查看测试结果

课后练习

（1）在记事本中进行英文文章录入练习。要求在整个练习过程中保持正确的打字姿势和指法并坚持盲打，限时 1 分钟，正确率为 100%，步骤提示如下。

1 选择【开始】/【所有程序】/【附件】/【记事本】菜单命令，启动记事本程序。

2 对照图 2-28 所示的文章进行录入，反复练习，直到达到要求。

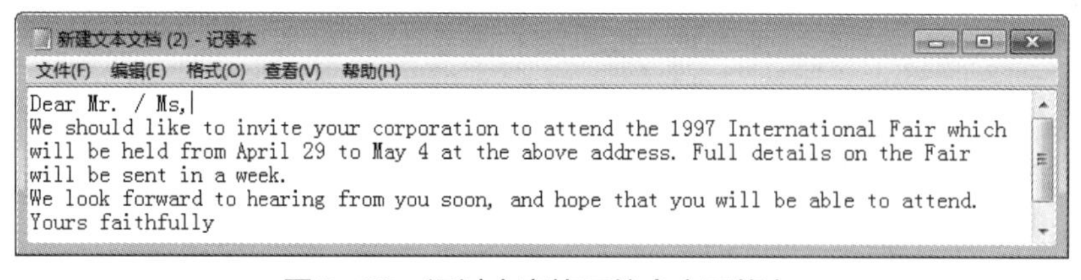

图2-28 通过文章练习综合应用能力

（2）利用金山打字通 2016 在线测试英文打字速度。在整个测试过程中不能暂停，因此注意力要高度集中，避免影响打字速度，步骤提示如下。

1 进入金山打字通 2016 的首页后，单击右上角的账户名，在弹出的下拉列表框中单击“设置”按钮，在弹出的列表框中单击“打字测试”按钮。

2 系统自动打开“金山打字通 2013 官方打字测试”页面，单击“测试英文打字”按钮，进入测试页面，根据提示栏中的英文，按照正确的指法进行快速录入。

3 完成测试后，单击测试页面右上角的交卷>>按钮。查看测试成绩后，可将分析结果分享给好友。

1. 在金山打字通 2016 中导入其他格式的文本文件

金山打字通 2016 只能导入格式为 .txt 的文本文件，对于其他格式的文件，可以将要添加的文本内容复制并粘贴到打开的“金山打字通 - 课程编辑器”对话框中的空白区域，也可利用文本格式转换器，将其他格式的文件转换为 .txt 格式。

2. 英文打字训练流程

学习英文打字不能只追求速度，还应保证正确率。此外，只有通过科学的训练才能快速掌握录入英文的技能，达到事半功倍的效果。英文打字训练流程如图 2-29 所示。

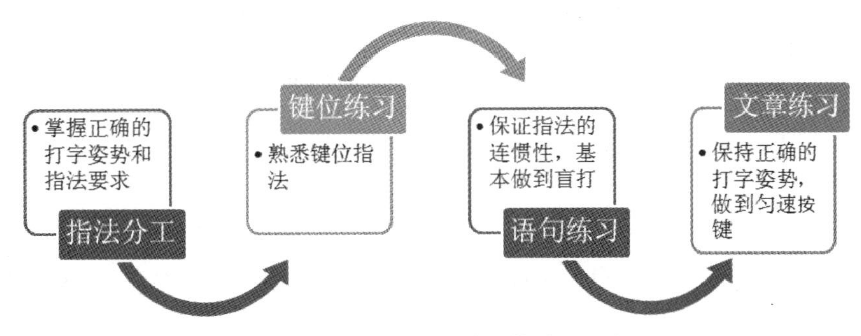

图2-29 英文打字训练流程

3. 英文录入易犯的错误

要想提高打字速度，就要针对打字过程中出现的问题进行分析，并不断总结经验、吸取教训。下面列举了一些打字过程中经常出现的问题。

- **左右手动作混淆**。如将For word误打成For waud，主要原因是对键位印象不深刻，大多发生在中指和食指键位上；纠正方法是不要盲目贪快，要加深对键位排列的印象。
- **邻键混淆**。如将Many误打成Mzny，主要原因是指法错误，大多发生在上、下排键位之间并在食指、小指、无名指上居多。纠正方法是手指分工要落实。
- **倒码**。如将7086误打成7806，主要原因是未能达到眼、脑、手的协调。纠正方法是坚持以分段、分音节的方法打字，特别是在按键的一瞬间思路要清晰。
- **行串组合**。如将But where our destres are our hopes profound 误打成But where our hopes profound，主要原因是在两行中间或同一行中出现相同单词容易产生漏打。纠正方法是坚持看一打一，遵循“专注于原稿”的原则。

项目三

使用中文输入法录入汉字

情景导入

老洪：米拉，最近几篇英文文章的录入你都完成得很不错。

米拉：还得感谢您的指导，我已经准备好进行下一项录入训练了。

老洪：没问题，接下来我会教你怎样进行中文录入。

米拉：太好了，这样就能利用计算机进行各种综合性文章的录入了。

老洪：是的，不过在练习中文录入前，要了解中文输入法的基本知识，并掌握中文输入法的选择、添加、删除、切换等操作，这样才能在录入时根据需要选择不同的输入法。

米拉：知道了，我一定会认真学习，争取在最短的时间内学会中文录入操作。

老洪：那我们现在就开始学习吧。

学习目标

◎ 了解中文输入法的基础知识
◎ 掌握中文输入法的基本操作
◎ 掌握Windows 7操作系统自带的中文输入法的使用方法
◎ 掌握搜狗拼音输入法的使用方法

技能目标

◎ 能够添加、删除、切换中文输入法
◎ 能够使用Windows 7操作系统自带的中文输入法录入汉字
◎ 能够使用搜狗拼音输入法录入汉字

任务一 认识并设置中文输入法

中文输入法是在计算机中录入中文字符的必备工具。要想熟练地进行中文文字的录入，除了要掌握键盘结构和中文录入的方法外，还需对中文输入法的基本操作有所了解。

本任务的目标是了解汉字编码方案的分类，掌握中文输入法的选择、添加、删除、切换等操作，以及用中文输入法录入汉字。

相关知识

进行中文输入法的相关管理和操作之前，应了解汉字编码方案的分类。

汉字编码是一种专门设计的、便于将汉字录入计算机的代码。目前常用的汉字编码方案包括音码、形码、音形码等几种。

- **音码**。此编码方案采用汉语拼音规则对汉字进行编码，如搜狗拼音输入法、微软拼音输入法等就是音码输入法。音码输入法的优点是简单易学，不需要特殊记忆，只要会汉语拼音便可以录入汉字，非常适合初学者使用。但这类编码方案也有自身的缺点，即重码率多，往往需要从一大堆汉字中挑选出需要的汉字，不利于快速录入，也不适合专业文字录入人员使用。
- **形码**。此编码方案根据汉字的笔画、部首、字形等信息对汉字进行编码，如五笔字型输入法、表形码输入法、二码输入法等就是形码输入法。形码输入法的优点是由于其与汉语拼音毫无关系，因此特别适合普通话发音不准的用户使用，这种编码方案重码率低，用户经过一段时间的练习后可以达到很高的录入速度，是目前专业打字员及普通用户使用得较多的输入法。不过，与音码输入法相比，形码输入法的缺点是很难上手，需要记忆的规则较多，长时间不用就有可能忘记。
- **音形码**。此编码方案针对形码与音码方案的优缺点，将二者的编码规则有机结合起来，取其精华，去其糟粕，如郑码输入法、自然码输入法、钱码输入法等就是音形码输入法。音形码输入法一般采用音码为主、形码为辅的编码方案，其形码采用“切音”法，解决了不认识的汉字的录入问题。

任务实施

1. 添加并删除中文输入法

当操作系统中没有需要的中文输入法时，就需要通过添加和删除中文输入法的操作来对其进行管理。下面通过添加微软拼音 ABC 输入风格输入法，删除简体中文全拼输入法来练习管理中文输入法，其具体操作如下。

1 在任务栏右侧的输入法图标上右击，在弹出的快捷菜单中选择“设置”命令，如图 3-1 所示。

2 在打开的“文本服务和输入语言”对话框中单击添加(D)...按钮，如图 3-2 所示。

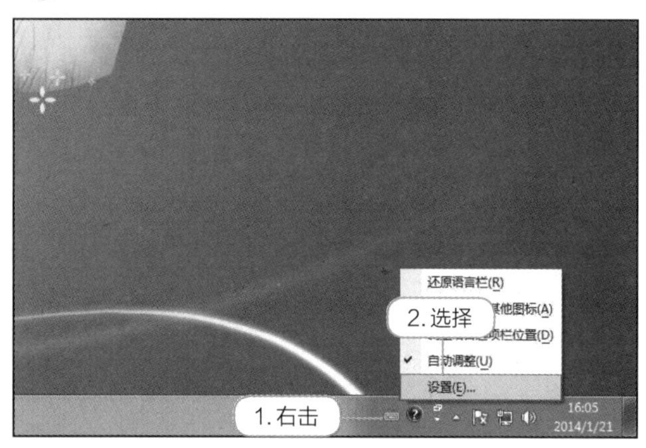

图3-1 设置输入法

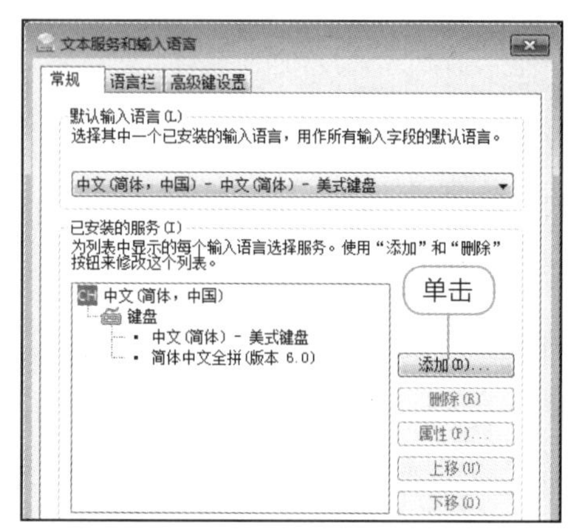

图3-2 单击“添加”按钮

3 在打开的“添加输入语言”对话框中勾选“中文(简体)- 微软拼音 ABC 输入风格”复选框，单击确定按钮，如图 3-3 所示，返回“文本服务和输入语言”对话框。

4 在“已安装的服务”栏中选择“简体中文全拼(版本 6.0)”选项，单击删除(R)按钮，删除该输入法，如图 3-4 所示，单击确定按钮完成练习。

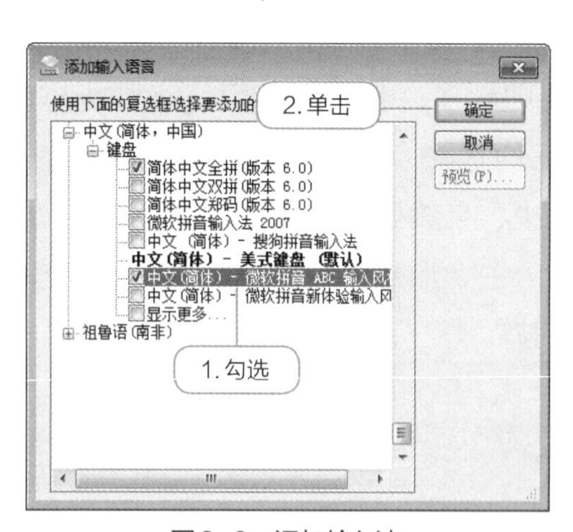

图3-3 添加输入法

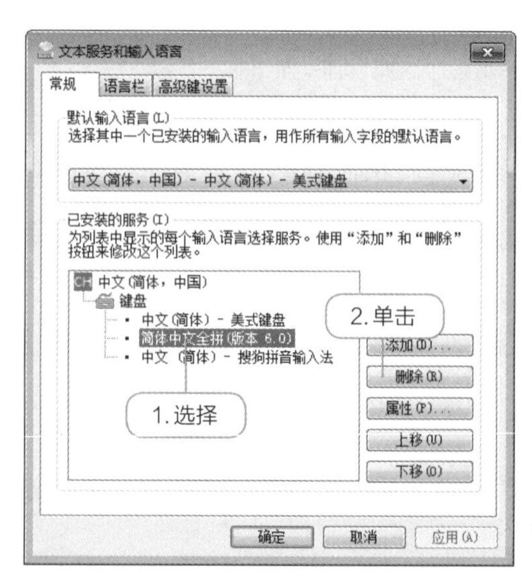

图3-4 删除输入法

知识补充

若需在添加输入法的同时快速删除其他的输入法，只需在“添加输入语言”对话框中取消对输入法复选框的勾选即可。

2. 切换并设置默认输入法

微课视频

切换并设置默认输入法

当操作系统中包含多种输入法时，会涉及输入法的选择和切换操作，同时也可以将常用的输入法设置为默认输入法。下面将当前输入法切换为简体中文全拼输入法，然后将微软拼音输入法设置为默认输入法，其具体操作如下。

1 单击任务栏右侧的输入法图标，在弹出的菜单中选择“简体中文全拼（版本 6.0）”，如图 3-5 所示。

2 右击任务栏右侧的输入法图标，在弹出的快捷菜单中选择“设置”命令。

3 打开“文本服务和输入语言”对话框，在“常规”选项卡的“默认输入语言”栏中单击下拉按钮，在弹出的下拉列表框中选择“中文（简体，中国）- 微软拼音输入法 2007”选项，如图 3-6 所示。

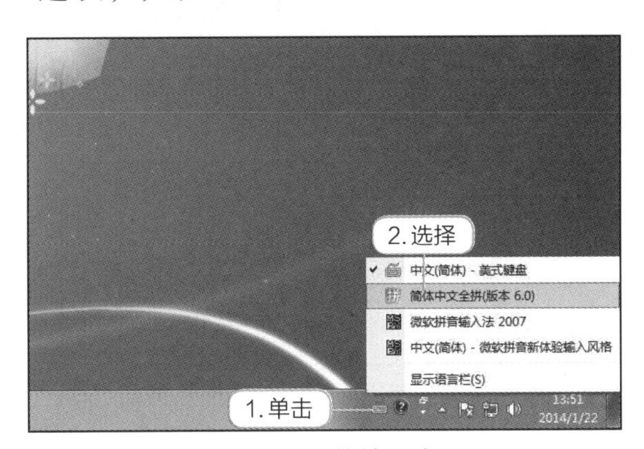

图3-5 切换输入法

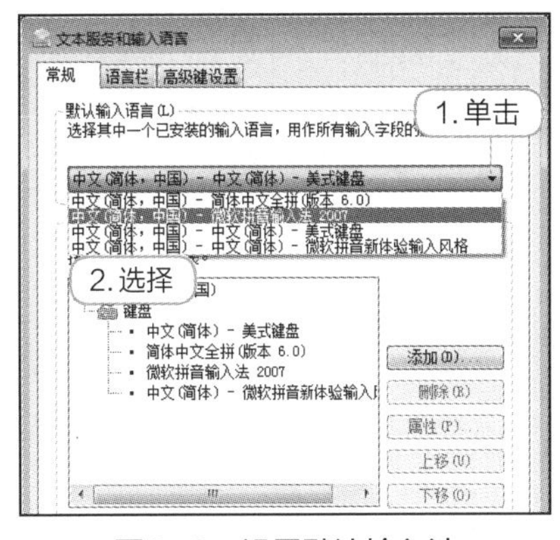

图3-6 设置默认输入法

4 单击确定按钮，重启计算机后，任务栏右侧的默认输入法图标将显示为“微软拼音输入法 2007”的图标。

知识补充

按【Ctrl+Shift】组合键可在多种中文输入法中循环切换，按【Ctrl+Space】组合键则可在中文输入法和英文输入法中循环切换。

任务二　练习录入中文文章

Windows 操作系统自带了多种中文输入法，成功安装该操作系统后，即可使用这些中文输入法。

任务目标

本任务介绍 Windows 7 操作系统中自带的几种常用的中文输入法，然后用不同的输入法进行录入练习。

相关知识

在 Windows 7 操作系统中，微软公司结合一些常用的输入法推出了免安装的绿色版本输入法。这些输入法一般占用资源少。下面对较常用的几种输入法进行介绍。

- **简体中文全拼输入法**。这是一种音码输入法，直接利用汉字拼音作为汉字代码，只要录入中文词语的完整拼音，就能在选字框中找到需要的词语。如果该词语不在选字框中，可按【+】键或【-】键在选字框中翻页，直到显示需要的词语后，按该词语左侧对应的数字键就能将其录入文档中，如图 3-7 所示。

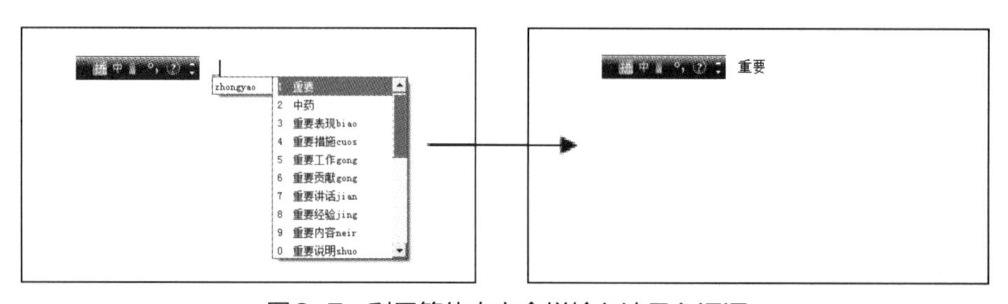

图3-7　利用简体中文全拼输入法录入词语

知识补充

简体中文全拼输入法还提供通配符录入的方式，假设要录入“连续”一词，可在全拼输入法下录入“lianx？”，即利用“？”通配符替代该词语拼音中最后一个字母“u”，这样选字框中将出现所有与前面 5 个字母相对应的符合条件的词语以供选择，如图 3-8 所示。

- **风格输入法的录入自由度更大，它支持全拼录入、简拼录入、混拼录入等多种方式**。全拼录入方式可以录入多个汉字的全拼编码，而不局限于两个汉字，在录入拼音时不会同步显示选择框，只有按【Space】键确认录入后才会显示选择框；简拼录入方式可以在录入词语中各汉字的声母编码后，通过选字框选择需要的词语，不过由于汉字的数量较多，这种录入方式具有重码率高的缺点；混拼录入方式结合了全拼录入和简拼录入两种方式，当需要录入一个二字词语时，可录入第一个汉字的声母编码和第二个汉字的全拼编码，这样既能减少按键次数，又能降低重码率。这几种录入方式的录入效果如图3-9所示。

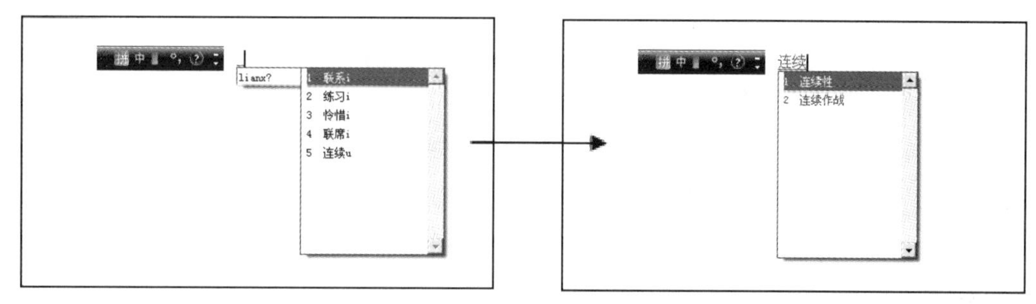

图3-8 使用通配符录入词语

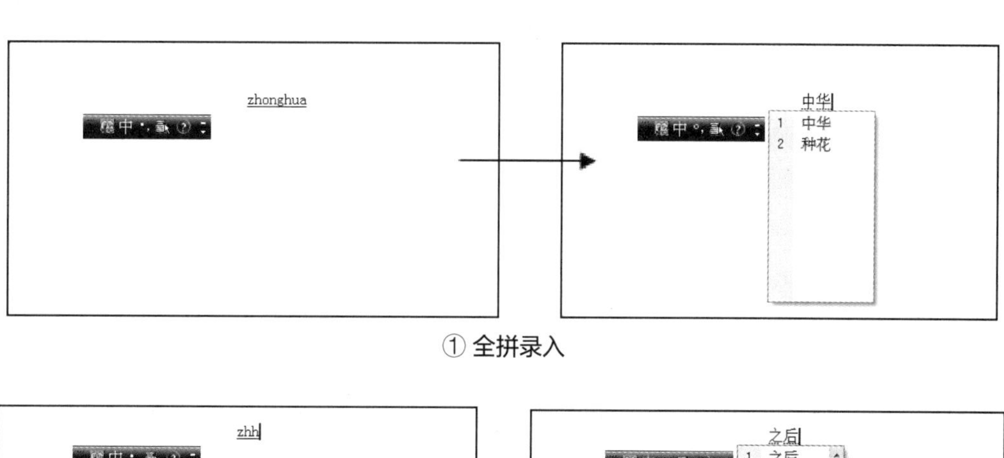

① 全拼录入

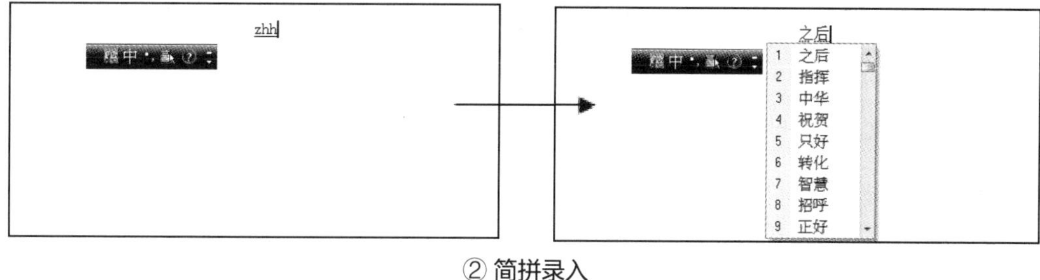

② 简拼录入

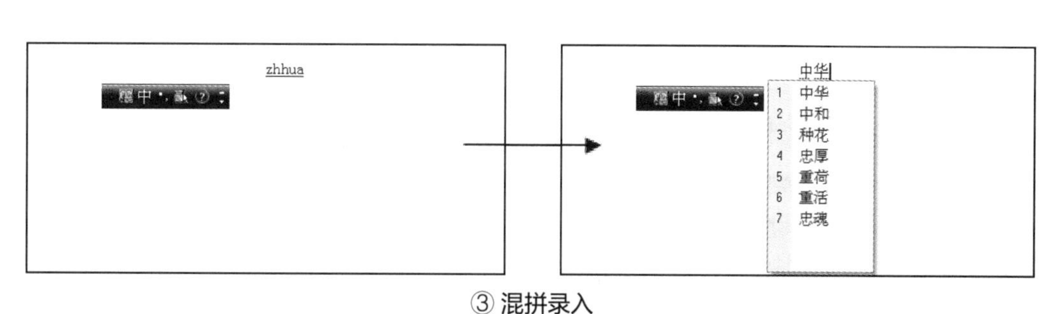

③ 混拼录入

图3-9 微软拼音ABC输入风格输入法的各种录入方式

- **微软拼音输入法**。该输入法是集拼音录入、手写录入、语音录入于一体的智能型拼音输入法。使用微软拼音输入法录入时会同步显示选字框。与微软拼音ABC输入风格输入法相同，确认选择后需按【Space】键取消录入字符下方的虚线才能完成录入，如图3-10所示。

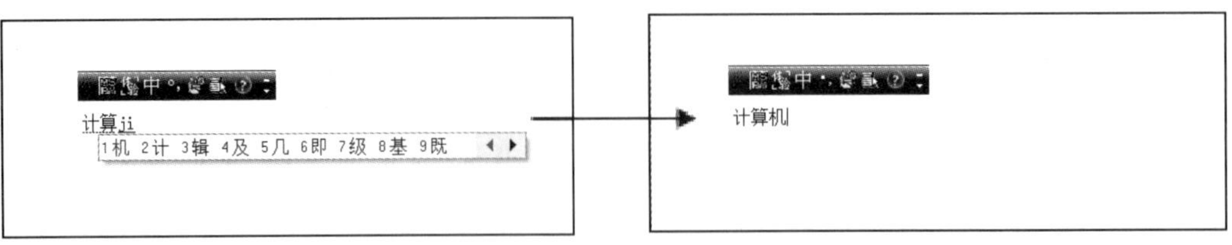

图3-10 微软拼音输入法的录入方式

任务实施

1. 练习简体中文全拼输入法

认识了简体中文全拼输入法后，下面使用该输入法在记事本中练习录入一则名人名言，如图 3-11 所示，其具体操作如下。

名人名言 - 记事本

文件(F) 编辑(E) 格式(O) 查看(V) 帮助(H)

立志是一件很重要的事情。工作随着志向走，成功随着工作来，这是一定的规律。立志、工作、成功，是人类活动的三大要素。立志是事业的大门，工作是登堂入室的旅程，这旅程的尽头有个成功在等待着，来庆祝你努力的结果。

图3-11 录入名人名言

1 启动记事本程序，单击任务栏右侧的输入法图标，在弹出的菜单中选择“简体中文全拼（版本 6.0）”。

2 录入“立志”一词的拼音编码“lizhi”，如图 3-12 所示，观察选字框中“立志”一词左侧对应的数字。

3 由于该词所对应的数字为“1”，因此可按【1】键或直接按【Space】键录入，如图 3-13 所示。

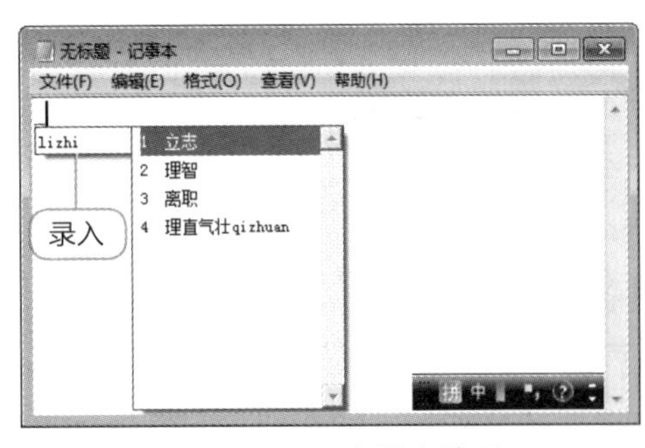

图3-12 录入拼音编码

图3-13 录入汉字

4 利用简体中文全拼输入法录入剩余的内容。

2. 练习微软拼音 ABC 输入风格输入法

掌握了简体中文全拼输入法的录入规则后，下面使用微软拼音 ABC 输入风格输入法在记事本中录入一则工作日记，如图 3-14 所示。本任务练习使用该输入法的全拼录入、简拼录入、混拼录入、软键盘功能，其具体操作如下。

练习微软拼音ABC输入风格输入法

1 启动记事本程序，按【Ctrl+Shift】组合键切换到“中文（简体）-微软拼音 ABC 输入风格”输入法，使任务栏右侧出现该输入法对应的图标，如图 3-15 所示。

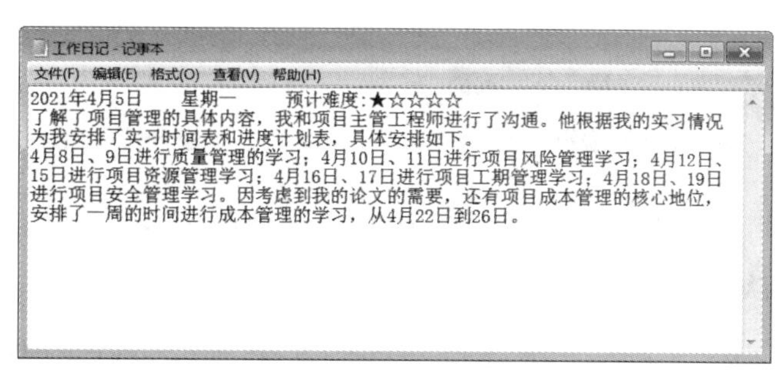

图3-14　录入工作日记

2 利用数字键依次录入“2021”，如图 3-16 所示。

图3-15　切换输入法

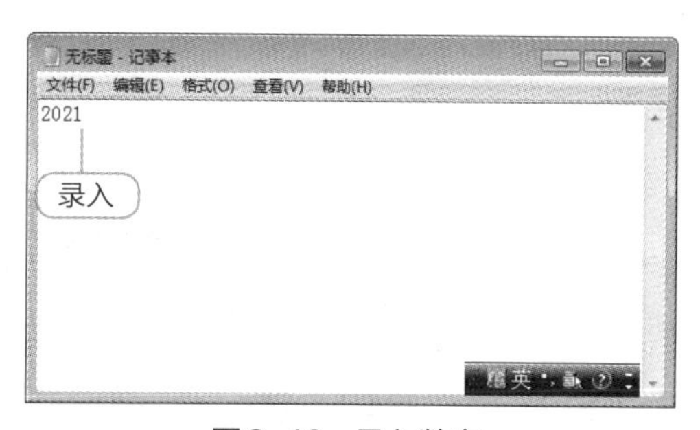

图3-16　录入数字

3 录入“年”字的全部拼音编码“nian”，如图 3-17 所示。

4 按【Space】键打开选字框，在其中观察“年”字左侧对应的数字，由于该字对应的数字为“1”，因此按【1】键或直接按【Space】键，都可将“年”字录入记事本中，如图 3-18 所示。

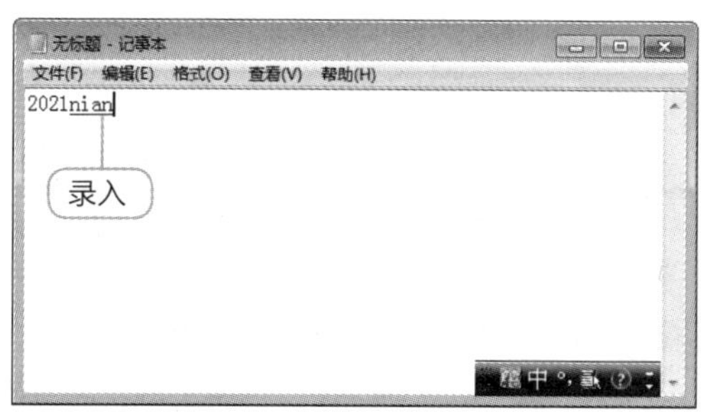

图3-17　全拼录入

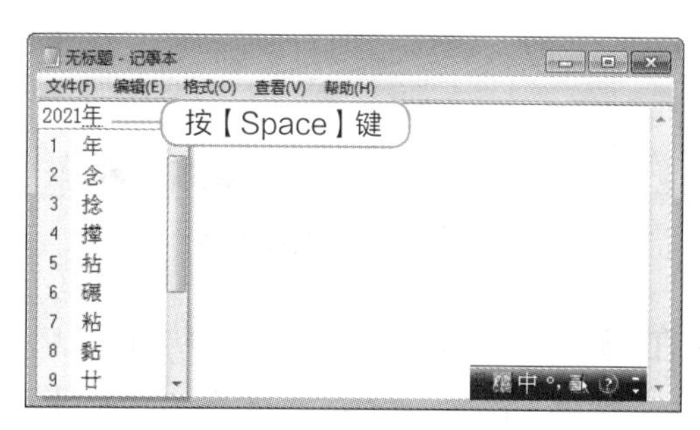

图3-18　选择汉字

5 利用全拼录入方式和数字键录入剩余日期内容，然后按【Tab】键录入制表符，如图 3-19 所示。

6 录入“星期一”3 个字中第一个字的声母和后两个字的全部拼音“xqiyi”，如

图 3-20 所示。

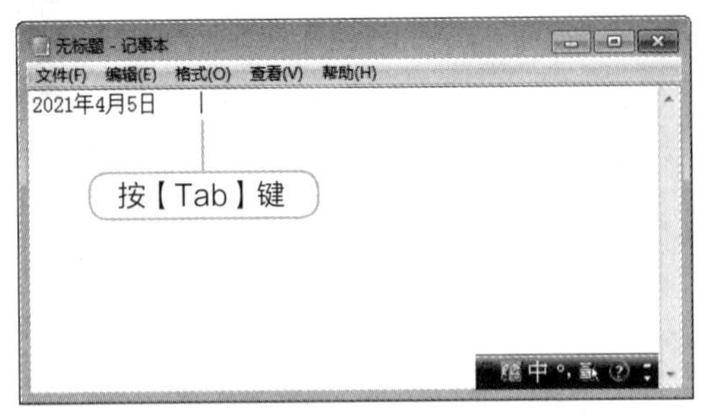

图3-19　录入制表符

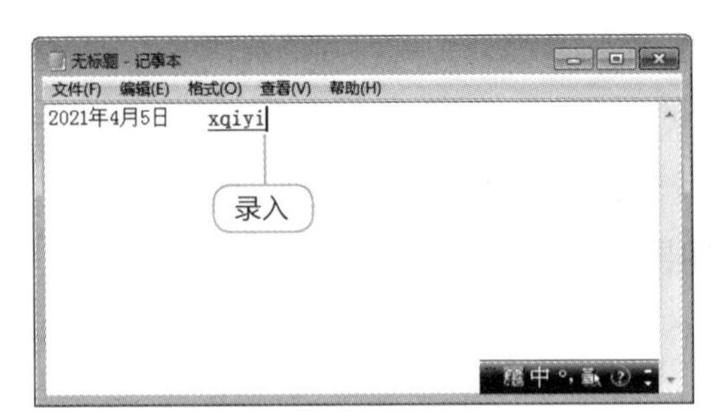

图3-20　混拼录入

7 按【Space】键，因为只有一个符合的内容，所以不显示选字框，如图 3-21 所示。直接按【Space】键确认录入。

8 按两下【Tab】键。录入“预计”一词的两个声母“yj”，如图 3-22 所示。

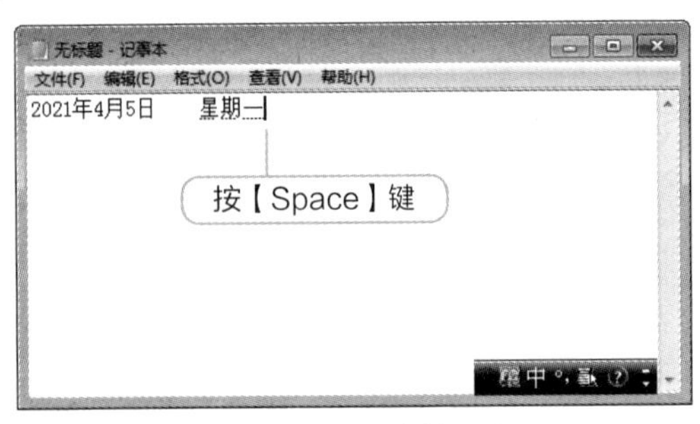

图3-21　直接录入

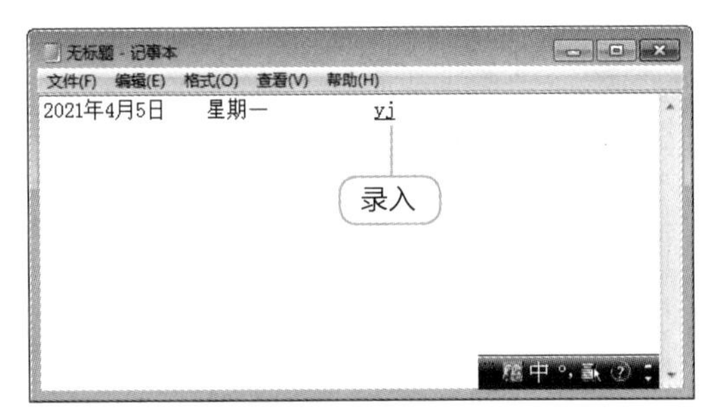

图3-22　简拼录入

9 按【Space】键打开选字框，如图 3-23 所示。由于选字框中“预计”一词对应的数字为“7”，因此按【7】键便可将其录入记事本。

10 利用简拼的方式录入“难度”一词，然后录入“：”，如图 3-24 所示。

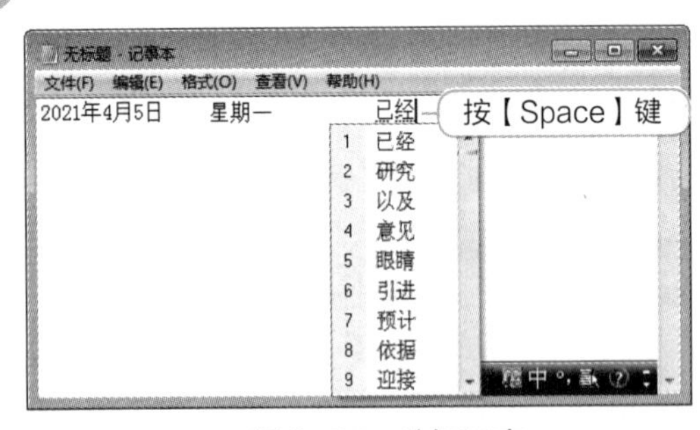

图3-23　选择汉字

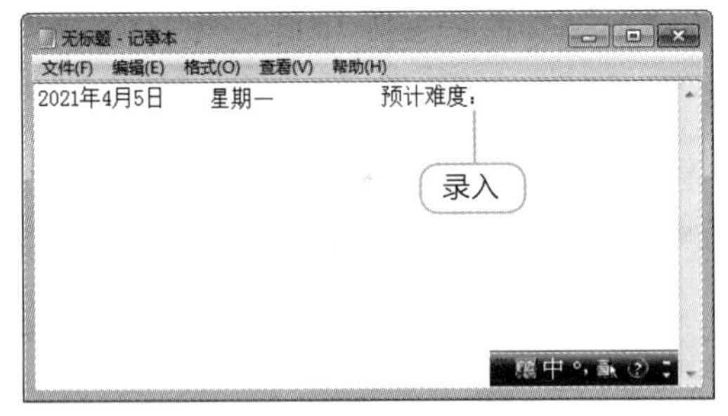

图3-24　录入汉字和标点符号

11 在输入法状态条中单击“功能菜单”图标，在弹出的菜单中选择“软键盘”子菜单下的“特殊符号”命令，如图 3-25 所示。

12 在打开的软键盘中依次单击 1 次“★”符号对应的“R”键，单击 4 次“☆”符号对应的“E”键，如图 3-26 所示，再单击软键盘右上角的“关闭”按钮✕。

13 综合运用全拼录入、简拼录入、混拼录入的方式继续录入工作日记的剩余内容。

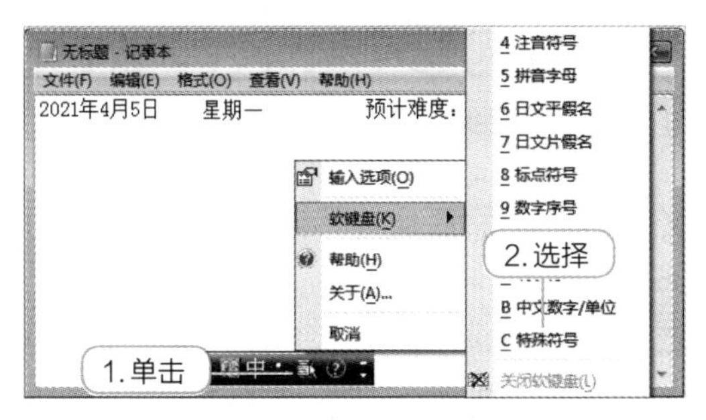

图3-25 选择软键盘类型

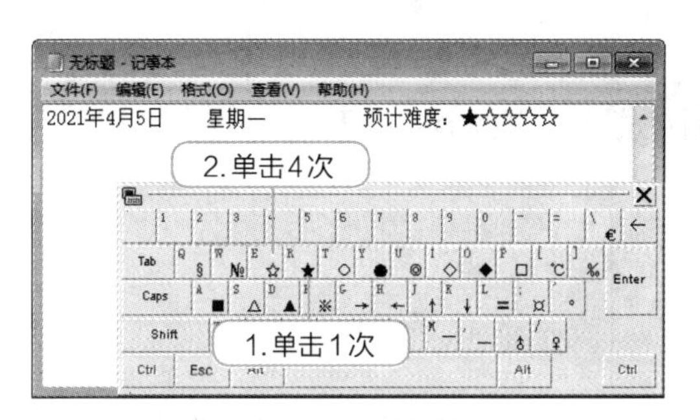

图3-26 录入特殊符号

3. 练习微软拼音输入法

掌握了前面两种输入法后，下面将在金山打字通 2016 的“拼音打字”界面中使用微软拼音输入法练习录入文章，以掌握微软拼音输入法的录入规则，其具体操作如下。

1 启动金山打字通 2016，在首页中单击“拼音打字”按钮，如图 3-27 所示。

2 打开“拼音打字”界面，单击“文章练习”按钮，如图 3-28 所示，这里使用“自由模式”进行练习。

图3-27 单击“拼音打字”按钮

图3-28 单击“文章练习”按钮

3 打开“文章练习”界面，如图 3-29 所示。单击任务栏右侧的输入法图标，在弹出的菜单中选择“微软拼音输入法 2007”。

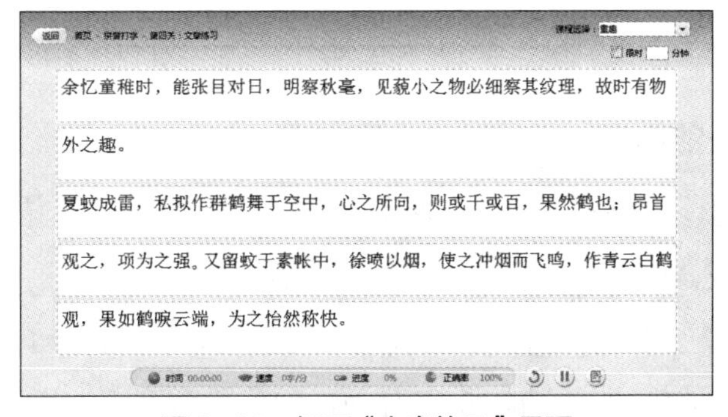

图3-29 打开“文章练习”界面

4 录入“余”字的拼音编码“yu”，如图 3-30 所示，观察选字框中“余”字左侧对应的数字。

5 由于选字框中“余”字对应的数字为“3”，因此按【3】键可录入该字。按【Space】键确认录入并取消汉字下方的虚线，如图 3-31 所示。

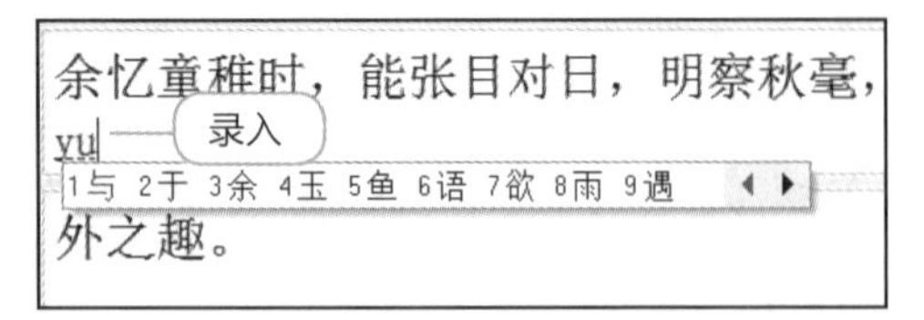

图3-30 录入拼音编码

图3-31 确认录入

6 利用该输入法录入剩下的练习内容。注意利用微软拼音输入法录入中文时，若出现的内容不是需要的汉字，可利用方向键定位需录入的汉字，并利用【-】键或【+】键在选字框中翻页。

任务三 使用搜狗拼音输入法

在众多中文输入法中，搜狗拼音输入法因操作简单、入门容易、功能强大、不需记忆等优点，而成为许多用户进行文字录入时的首选工具。下面对搜狗拼音输入法的状态条和使用方法进行讲解。

任务目标

本任务的目标是了解搜狗拼音输入法的特点，区分全角和半角字符，认识搜狗拼音输入法的状态条，并使用该输入法进行中文录入练习。

相关知识

作为具有众多优点和多种录入方式的中文输入法，搜狗拼音输入法已成为现今主流中文拼音输入法。在讲解如何使用它进行文字录入前，先介绍其关于文字录入方面的特点。

1. 搜狗拼音输入法的特点

搜狗拼音输入法采用汉语拼音编码方案，将汉字编码与汉语拼音联系起来，以达到录入汉字的目的。该输入法具有以下几个特殊功能。

- **模糊音**。该功能主要针对容易混淆音节的人。当启用了模糊音后，如“zh”和“z”，录入“zhi”时选字框也会显示“资”字，录入“zi”时选字框也会显示“质”字。声母模糊音包括“s”和“sh”，“c”和“ch”，“z”和“zh”，“l”和“n”，“f”和“h”，“r”和“l”；韵母模糊音包括“an”和“ang”，“en”和“eng”，“in”和“ing”，“ian”和“iang”，“uan”和“uang”。图3-32所示为模糊音录入的效果。

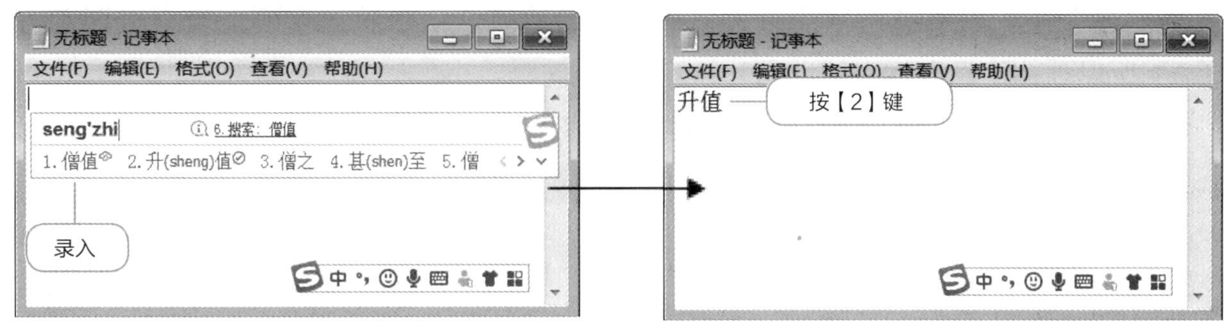

图3-32　模糊音录入

- **快速录入当前日期**。使用该功能可以快速录入当前的系统日期、时间、星期。输入法内置的插入项有：录入“rq”（日期的首字母）时，选字框会显示系统日期，如“2021年2月9日”；录入“sj”（时间的首字母）时，选字框会显示系统时间，如“2021年2月9日17:34:05”；录入“xq”（星期的首字母）时，选字框会显示系统星期，如“2021年2月9日 星期二”。图3-33所示为录入当日星期的效果。

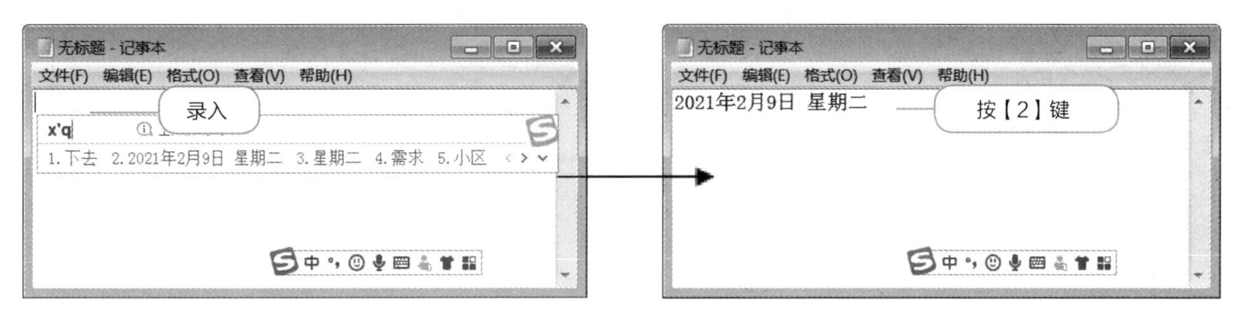

图3-33　快速录入星期

- **v模式**。该功能是一个转换和计算的组合功能，使用转换功能可以将阿拉伯数字转换成中文数字，减少了打字量和打字时间。要使用该功能，按【v】键+数字键即可。注意，此功能仅在小写状态下可用。录入金额“v56.32”的效果如图3-34所示。

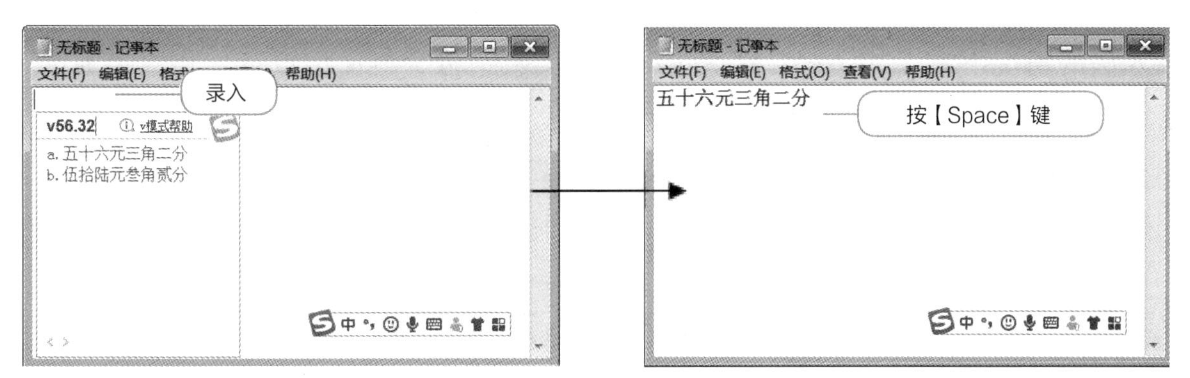

图3-34　用v模式录入金额

- **拆字辅助码**。使用该功能可在选字框中快速定位。如录入汉字“槿”，先录入“jin”，如果“槿”字在选字框中排位靠后或找不到该字，则可按下【Tab】键，再录入“槿”的两部分“木”和“堇”的首字母“mj”，即可看到选字框显示“槿”字。图3-35所示为录入“槿”字的效果。由于独体字不能被拆成两部分，所以独体字没有拆字辅助码。

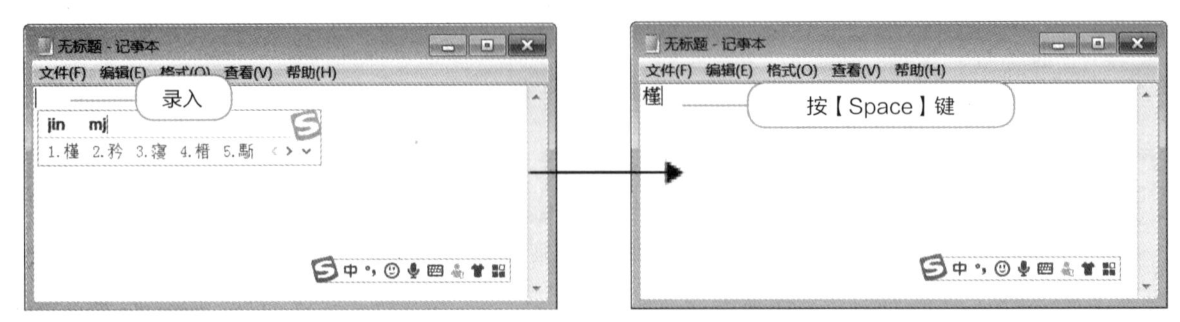

图3-35 用拆字辅助码录入汉字

- **生僻字录入**。该功能是针对知道文字的组成部分却不知道文字的读音的情况，将字化繁为简再录入。要使用该功能，按【u】键+生僻字的各组成部分的拼音即可。注意，此功能仅在小写状态下可用。图3-36所示为录入“瓯”字的效果。

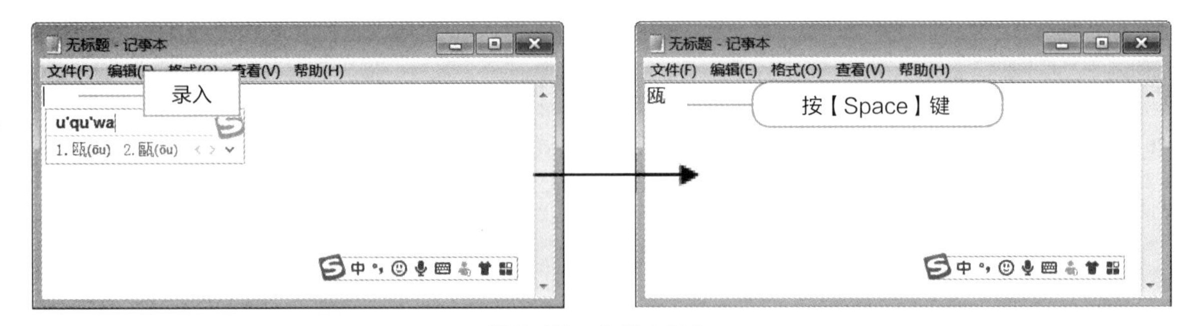

图3-36 生僻字录入

2. 区分全角和半角字符

在介绍搜狗拼音输入法状态条之前，下面先介绍全角和半角字符的基础知识。

全角字符是指占用两个标准字符位置的字符。半角字符是ASCII字符，是指在非中文输入法的情况下录入的字符。默认情况下，英文字母、英文标点符号和数字等都是半角字符，中文文字和中文标点符号则是全角字符，如图3-37所示。

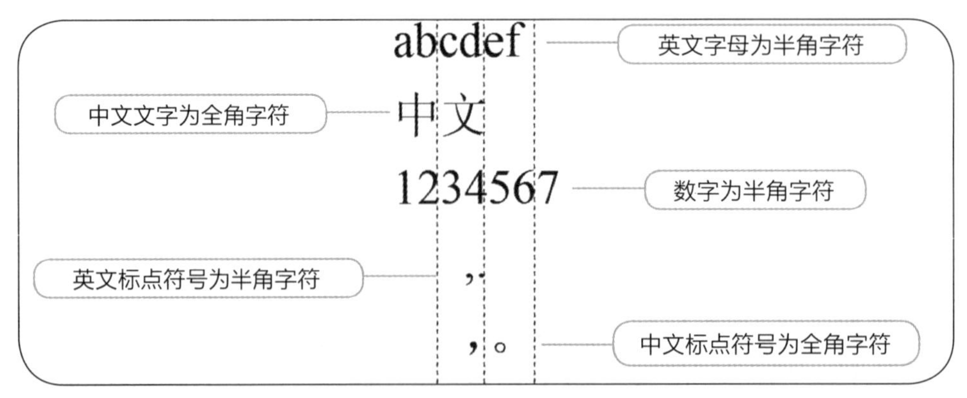

图3-37 全角与半角字符

3. 认识搜狗拼音输入法的状态条

与英文输入法不同，每种中文输入法都有其特有的状态条，利用此状态条可以更好地进行中文录入。下面以搜狗拼音输入法的状态条为说明对象，介绍该状态条的使用方法，其他中文输入法的状态条用法与此类似。

切换到搜狗拼音输入法后，就可以看到其状态条，如图 3-38 所示。从左至右的图标名称依次为：自定义图标、中 / 英文状态切换图标、中 / 英文标点切换图标、表情图标、语音图标、输入方式图标、用户图标、皮肤盒子图标、工具箱图标。

图3-38 搜狗拼音输入法状态条

- **自定义图标**。单击该图标，可以在打开的菜单中对状态条上的功能图标进行增减，也可以设置状态条上图标的颜色并进行预览。
- **中 / 英文状态切换图标**中。该图标用于在中文录入和英文录入状态之间来回切换。单击该图标后，如果呈现中状态，则表示此时可录入中文；如果呈现英状态，则表示此时可录入英文，如图3-39所示。

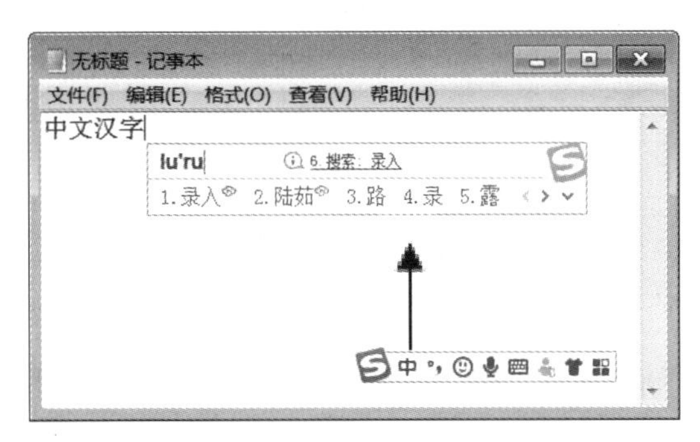

图3-39 中/英文状态切换

- **中 / 英文标点切换图标**。该图标用于控制所录入的标点符号是中文状态下的还是英文状态下的。单击该图标后，如果呈现状态，则表示此时可录入中文标点符号；如果呈现状态，则表示此时可录入英文标点符号，如图3-40所示。

知识补充

一般情况下，若无特殊规定和要求，应严格按照中英文录入规则选择正确的标点符号状态，如中文中的句号为“。”，英文中的句号为“.”。

图3-40 中/英文标点切换

- **表情图标**☺。单击该图标可以输入各种表情符号或图片，功能类似于QQ交流中的表情。
- **语音图标**。单击该图标将打开语音输入面板，此时可通过麦克风等语音设备以语音的方式来输入文字，如图3-41所示。
- **输入方式图标**。单击该图标，将打开“输入方式”对话框，如图3-42所示。在其中可以选择“语音输入”“手写输入”“特殊符号”“软键盘”。单击“软键盘”图标，可以打开一个模拟键盘，单击其中相应的键位可以在文档中录入对应的内容或符号。

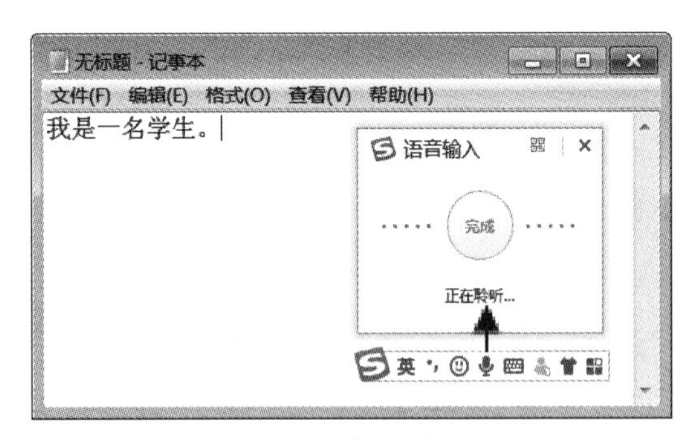

图3-41 语音输入

图3-42 选择输入方式

- **用户图标**。该图标默认呈灰色，表示未登录状态，单击该图标可以用QQ账号或微信号登录。
- **皮肤盒子图标**。单击该图标，打开“皮肤盒子”对话框，可以选择自己喜欢的输入法皮肤样式，如图3-43所示。

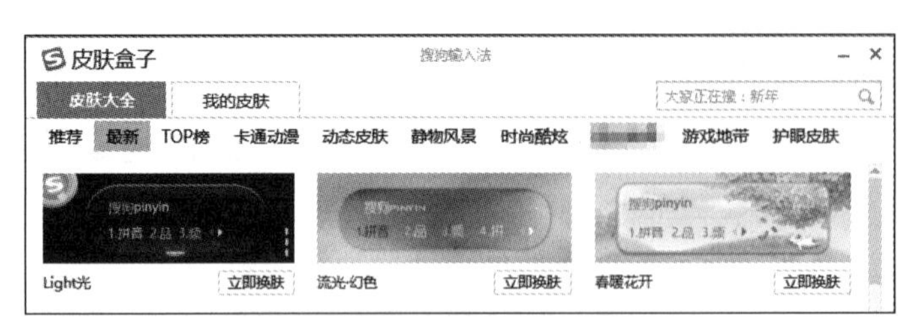

图3-43 “皮肤盒子”对话框

- **工具箱图标**。单击该图标，在打开的对话框中可以选择相关辅助工具，如在线翻译、图片表情等。

知识补充

如需录入软键盘中某个键位的符号,按住【Shift】键的同时单击对应的键位即可。

1. 练习使用搜狗拼音输入法

了解了搜狗拼音输入法的特点及状态条的作用后，下面先将状态条的图标调整为习惯的样式，再在记事本中录入当前计算机的时间，如图 3-44 所示，其具体操作如下。

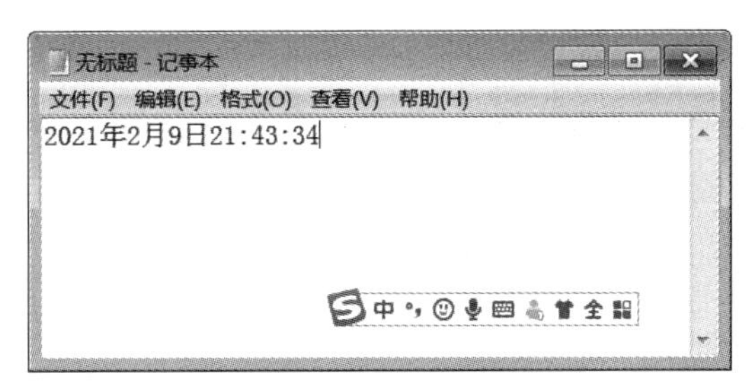

图3-44 录入当前时间

❶ 启动记事本程序，单击任务栏右侧的输入法图标，在弹出的菜单中选择“搜狗拼音输入法”。

❷ 在搜狗拼音输入法的状态条中单击自定义图标，在打开的对话框中可以根据习惯设置状态条的样式，这里勾选“全”复选框，其他设置保持默认状态，如图 3-45 所示。

❸ 录入“sj”，即可看到选字框显示的选项，如图 3-46 所示。由于选字框中所需选项对应的数字为“2”，因此按【2】键即可录入当前时间。

图3-45 自定义状态栏

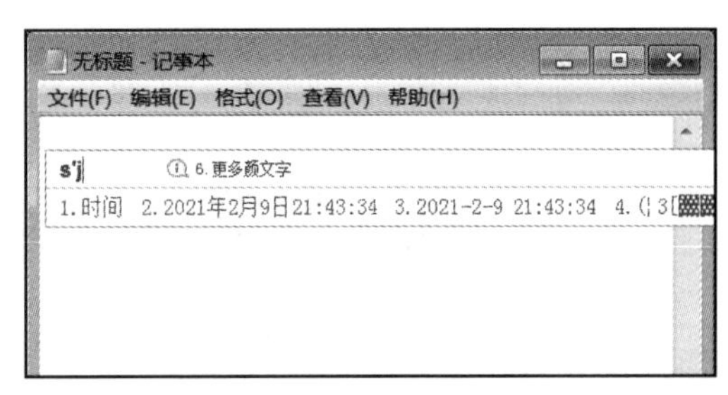

图3-46 快速录入当前时间

2. 在线测试中文打字速度

与前面练习的在线测试英文打字速度的方法相同，下面通过金山打字通2016在线测试中文打字速度，每次测试的文章都不相同，其具体操作如下。

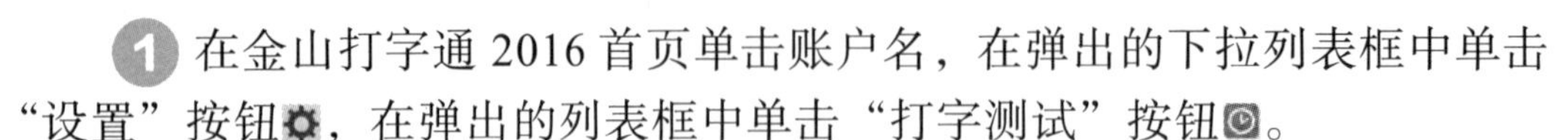

1 在金山打字通 2016 首页单击账户名，在弹出的下拉列表框中单击“设置”按钮，在弹出的列表框中单击“打字测试”按钮。

2 打开金山打字通 2013 官方打字测试页面后，单击“测试中文打字”按钮，如图 3-47 所示。

3 打开中文打字测试页面，根据页面显示的范文，正确录入相应的文字和标点。系统将从录入第一个符号时开始计时，记录相应的打字速度和正确率，如图 3-48 所示。

图3-47 测试中文打字

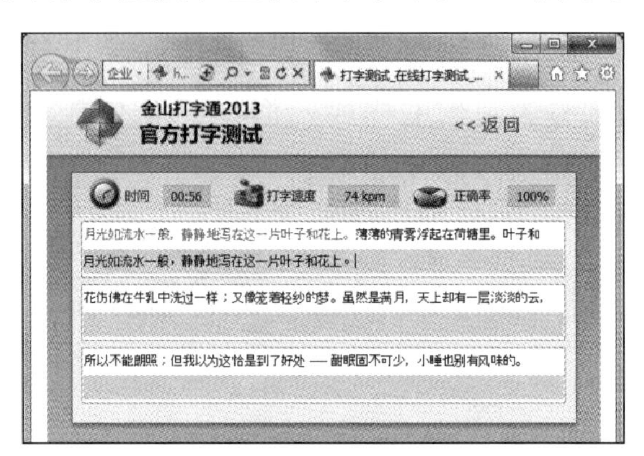

图3-48 进行测试

4 文章录入完成后，单击页面右上角的交卷>>按钮，将打开测试成绩统计分析页面，如图 3-49 所示，通过该页面可以查看此次测试的详细结果。

图3-49 查看测试结果

实训一 使用拼音输入法录入文章

【实训要求】

在记事本中录入图 3-50 所示的工作感悟，要求添加简体中文全拼输入法并进行录入，限时 5 分钟，正确率在 95% 以上。

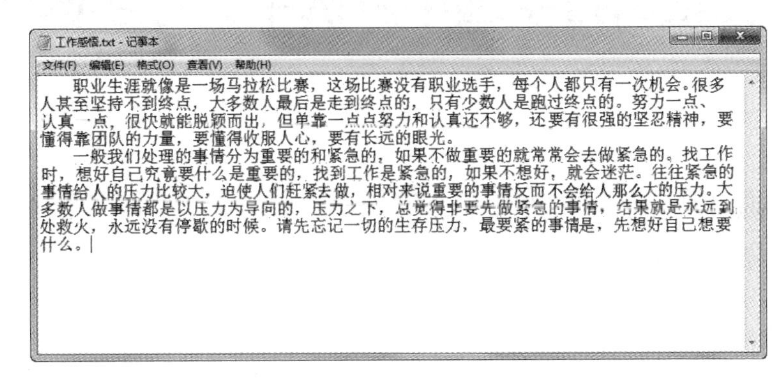

图3-50　录入工作感悟

【实训思路】

本实训首先右击任务栏右侧的输入法图标，在弹出的快捷菜单中选择“设置”命令，打开“文本服务和输入语言”对话框进行设置，然后单击任务栏右侧的输入法图标切换输入法，最后使用简体中文全拼输入法进行文字录入。

【步骤提示】

1. 启动记事本程序，右击任务栏右侧的输入法图标，在弹出的快捷菜单中选择“设置”选项。

2. 打开“文本服务和输入语言”对话框，单击[添加(D)...]按钮，如图 3-51 所示。

3. 打开“添加输入语言”对话框，勾选“简体中文全拼（版本 6.0）”复选框，如图 3-52 所示。然后单击[确定]按钮，返回“文本服务和输入语言”对话框，单击[确定]按钮。

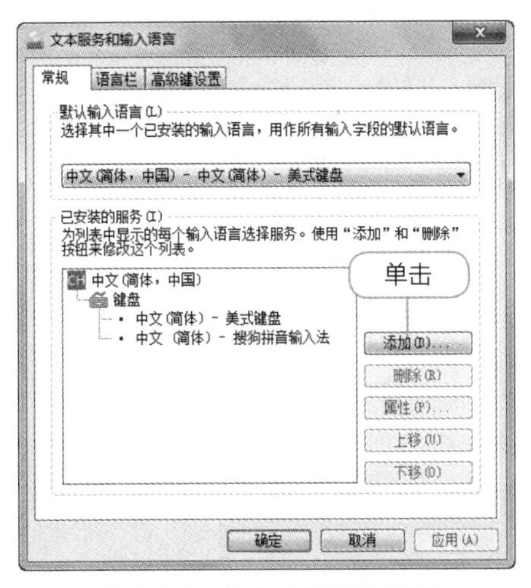

图3-51　单击“添加”按钮

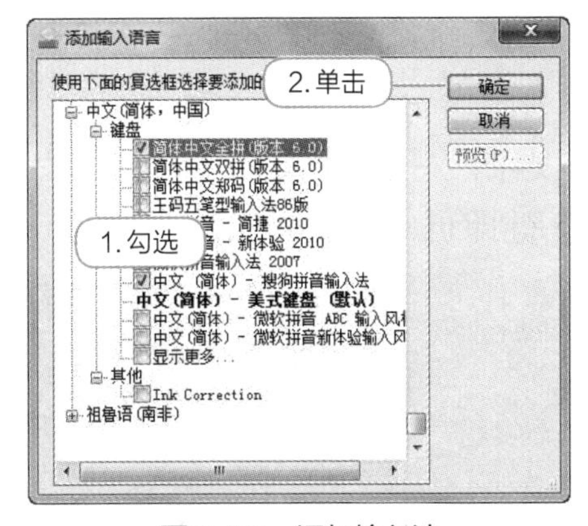

图3-52　添加输入法

4. 单击任务栏右侧的输入法图标，在弹出的菜单中选择“简体中文全拼（版本 6.0）”。

5. 使用简体中文全拼输入法开始文章录入练习。

实训二　在金山打字通中测试中文打字速度

【实训要求】

通过金山打字通 2016 进行中文打字速度测试，完成后查看测试结果。要求中文录入速度高于 100 字 / 分钟，正确率高于 95%。

【实训思路】

本实训首先要选择“拼音测试”单选项，然后选择测试的文章，最后再严格按要求进行录入操作，适当运用简拼或混拼的方法可以提高打字速度。

微课视频

在金山打字通中测试中文打字速度

【步骤提示】

1 启动金山打字通 2016，进入其首页后单击 打字测试 按钮。

2 选择“拼音测试”单选项，然后在“课程选择”下拉列表框的“默认课程”选项卡中选择“乡愁”，如图 3-53 所示。

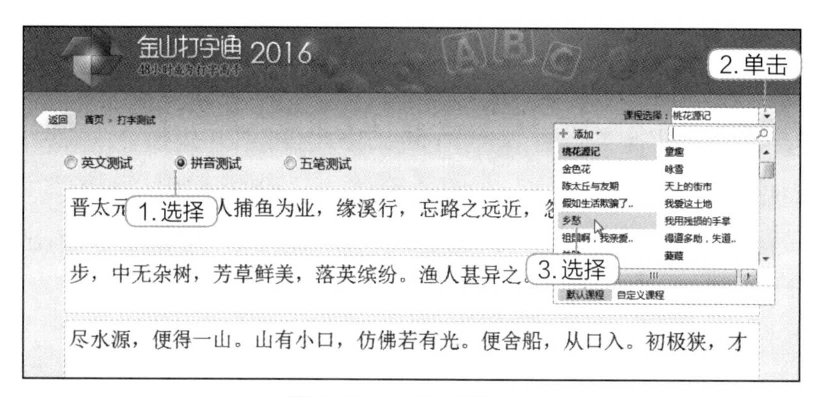

图3-53　设置测试内容

3 返回“打字测试”界面，开始文章录入测试，如图 3-54 所示。遇到空格时，按【Space】键即可。

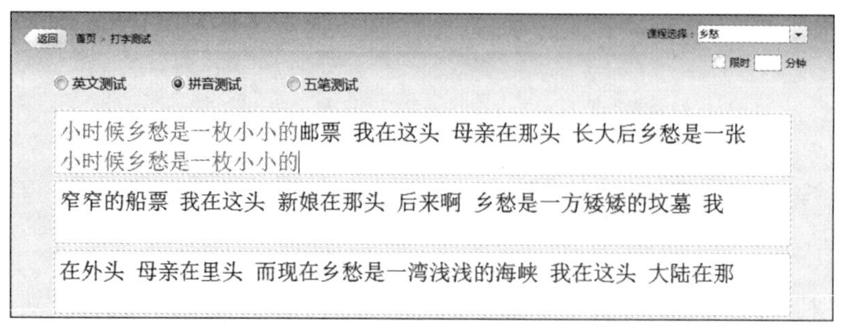

图3-54　录入文章

4 文章录入完成后，可以单击“进步曲线”按钮，打开成绩统计分析结果页面查看成绩。

课后练习

（1）查看当前系统中已添加的中文输入法。

（2）通过添加和删除输入法的操作，将系统中的输入法保留为简体中文全拼输入法、微软拼音 ABC 输入风格输入法、微软拼音输入法、搜狗拼音输入法。

（3）启动记事本程序，在几种输入法之间切换，熟悉输入法状态条上各图标的作用并尝试录入文章。

（4）利用金山打字通 2016 在线测试中文打字速度，然后查看最终的测试结果。注意在录入前切换不同输入法进行录入，仔细体会各输入法之间的不同，找到最适合自己的输入法。步骤提示如下。

1 进入金山打字通 2016 首页，单击右上角的账户名，在弹出的下拉列表框中单击“设置”按钮，在弹出的列表框中单击“打字测试”按钮。

2 打开金山打字通 2013 官方打字测试页面，单击“测试中文打字”按钮，进入测试页面。

3 单击任务栏右侧的输入法图标，在弹出的菜单中选择一种中文输入法，根据提示栏中的中文进行快速录入。

4 完成测试后，单击页面右上角的交卷>>按钮，查看测试成绩，并对每种输入法的使用情况进行分析。

技能提升

1. 汉字编码

所有字符在计算机中都是用二进制编码来表示的。计算机无法直接识别录入的文字，所以必须将录入的文字转换成计算机可识别的二进制编码。

目前国际通用的编码为 7 位版本的 ASCII，即使用 7 位二进制数来表示英文字母、数字、符号。有的国家将 7 位版本的 ASCII 扩充为 8 位版本的 ASCII，以此作为自己国家语言文字的代码。7 位版本 ASCII 的最高位为 0，而 8 位版本的 ASCII 的最高位为 1。汉字编码可以分为内码、交换码和输出码。

- **内码**。内码是在设备和系统进行内部处理时使用的汉字代码。向计算机中录入汉字的外码后，计算机必须将外码转换为内码才能进行存储和计算等处理。中文信息处理系统有不同的代码系列，其内码也不相同，有双字节、三字节、四字节内码等，国际标准字符集规定每个符号都使用双字节代码。汉字的内码包括存储码、运算码、传输码3种。存储码为长短不等的代码，用于存储汉字信息内容；运算码一般为等长码，用于参与各种运算处理；传输码也多为等长码，用于传输系统内部的汉字。内码通常是按照汉字在字库中的物理位置来表示的，双字节内码一般不与西文字符编码发生冲突，并且与标准交换码存在简明的对应关系，从而保证中英文的兼容性。

- **交换码**。在计算机之间交换信息时，要求传输的汉字代码符合国家规定的交换码标准，即符合国标GB 2312—80《信息交换用汉字编码字符集（基本集）》标准。交换码，又称国标码。国标码收集了7 445个图形符号，其中有6 763个汉字，每个汉字用2个字节表示，每个字节仅用低7位，最高位为0。汉字的国标码和内码有一一对应关系，即将国标码高位加上1，就可以得到对应的内码。
- **输出码**。输出码也称为汉字的字形码，是经过点阵的数字化后形成的一串二进制数值。在计算机中录入汉字编码后，系统会自动将其转换为内码对汉字进行识别，然后将内码转换为输出码，将汉字在屏幕中显示出来或通过打印机打印出来。

2. 汉语拼音表

汉语拼音是拼写汉语的拼音方案，其声母、韵母表如图 3-55 所示。注意，在键盘上按【V】键可以录入“ü ”。

b	p	m	f
d	t	n	l
g	k	h	j
q	x	zh	ch
sh	r	z	c
s	y	w	

（a）

ɑ	o	e	i
u	ü	ɑi	ei
ui	ɑo	ou	iu
ie	üe	er	ɑn
en	in	un	ün
ɑng	eng	ing	ong

（b）

图3-55 汉语拼音声母、韵母表

项目四 认识五笔字型输入法与练习五笔字根

情景导入

老洪：米拉，这段时间你的键位指法和盲打都有了不小的进步。

米拉：可是我的中文打字速度还是很慢，而且有时候经常遇到不认识的字，打起字来就更慢了，肯定会影响工作效率的。

老洪：推荐你学习五笔字型输入法，它是一种典型的形码输入法，不受拼音的限制，也是很多打字高手都在使用的中文输入法。

米拉：那太好了，老洪，我也一直很想用五笔字型输入法录入汉字。

老洪：熟练掌握五笔字型输入法可不是一两天的功夫，先要学习汉字字型的基础知识，即从字根开始学习，掌握字根在键盘上的分布是学习五笔字型输入法的前提。

米拉：好的，我会坚持下去的。

学习目标

- 熟悉五笔字型输入法的版本
- 掌握五笔字根的基础知识
- 分区记忆五笔字根在键盘中的分布
- 掌握字根拆分原则

技能目标

- 学会安装和切换五笔字型输入法
- 学会设置和删除五笔字型输入法
- 熟记五笔字根在各键位中的分布情况
- 学会灵活运用字根拆分原则

任务一　认识五笔字型输入法

五笔字型输入法是目前常用的中文输入法之一，发明人为王永民，后来又逐渐衍生出许多其他类型的五笔字型输入法，如极点五笔、万能五笔、搜狗五笔、陈桥五笔等。

任务目标

本任务介绍五笔字型输入法，并介绍五笔字型输入法的基本操作。本任务的学习，有助于在实际工作中根据需求添加适合的五笔字型输入法。

相关知识

五笔字型输入法根据构成汉字字根的特征和字型结构确定汉字的编码，是典型的形码输入法。

1. 五笔字型输入法简介

五笔字型输入法与拼音输入法相比，具有以下几点优势。

- **按键次数少**。使用拼音输入法录入拼音编码后，还需按【Space】键确认录入结束，增加了按键次数；而使用五笔字型输入法录入一组编码最多只需按键4次，若录入4码汉字则不需要按【Space】键确认，提高了打字速度。
- **重码少**。使用拼音输入法录入汉字时，由于同音的字词较多，经常出现重码，此时需按键盘上的数字键来选择；若需选择的汉字未在选字框中，还需翻页选取。而使用五笔字型输入法出现重码的现象较少，一般录入编码即可满足条件。
- **不受方言限制**。使用拼音输入法录入汉字，要求用户掌握录入汉字的标准读音，这对普通话不标准的用户十分困难。而用五笔字型输入法录入汉字时，用户即使不知道汉字的读音，也能根据字形进行录入。

2. 王码五笔字型输入法的版本

五笔字型输入法自 1983 年诞生以来，共有 3 代定型版本：第一代的 86 版、第二代的 98 版、第三代的新世纪五笔字型输入法。这 3 种五笔字型输入法统称为王码五笔字型输入法，下面对 86 版和 98 版王码五笔字型输入法进行简单介绍。

（1）86 版王码五笔字型输入法

高清彩图

86版王码五笔字型输入法

86 版王码五笔字型输入法使用 130 个字根，可以处理国标（GB 2312—1980）中的一、二级汉字共 6 763 个。经过多年的推广使用，在与原来词语不重码的基础上新增词语 8 140 条，但随着时间的推移，86 版王码五笔字型输入法逐渐显现出以下几方面的缺点。

- 只能处理6 763个国标简体汉字，不能处理繁体汉字。
- 对于部分规范字根不能做到整字取码，如夫、末等。
- 部分汉字的末笔笔画和书写顺序不一致，如“伐”字在86版的五笔字型输入法中，规定最后一笔画为“撇”而不是“点”。
- 编码时需要对汉字进行拆分，而某些汉字是不能随意拆分的，否则与文字规范不符。

需要注意的是，搜狗五笔、万能五笔、智能五笔、极点五笔等五笔字型输入法都采用 86 版王码五笔字型输入法编码标准，所以这些输入法的编码规则、文字输入与 86 版王码五笔字型输入法相同，本项目将以 86 版王码五笔字型输入法为理论讲解依据，以搜狗五笔输入法为例进行输入示范。

知识补充

由于五笔字型输入法不是 Windows 7 操作系统自带的，所以在使用之前需要获取五笔字型输入法的安装程序，然后再将其安装到计算机中。通过网络下载五笔字型输入法的安装程序的方法如下。

① 启动浏览器，在搜索引擎中分别输入“86 版王码五笔字型输入法下载”和“搜狗五笔输入法下载”并按【Enter】键。

② 在打开的搜索结果页面中显示了所有符合条件的超链接，单击适合的下载链接，进入相应的下载页面根据提示下载。建议初学者同时在计算机中安装 86 版王码五笔字型输入法和搜狗五笔输入法。

（2）98 版王码五笔字型输入法

高清彩图

98版王码五笔字型输入法

98 版王码五笔字型输入法以 86 版王码五笔字型输入法为基础，引入了“码元”的概念，如图 4-1 所示。98 版王码五笔字型输入法以 245 个码元创立了一个将相容性、规律性、协调性三者相统一的理论，使其编码码元和笔顺都更加符合语言规范。98 版王码五笔字型输入法不但可以录入 6 763 个国标简体字，而且还可以录入 13 053 个繁体字。除此之外，98 版王码五笔字型输入法还有以下几个新特性。

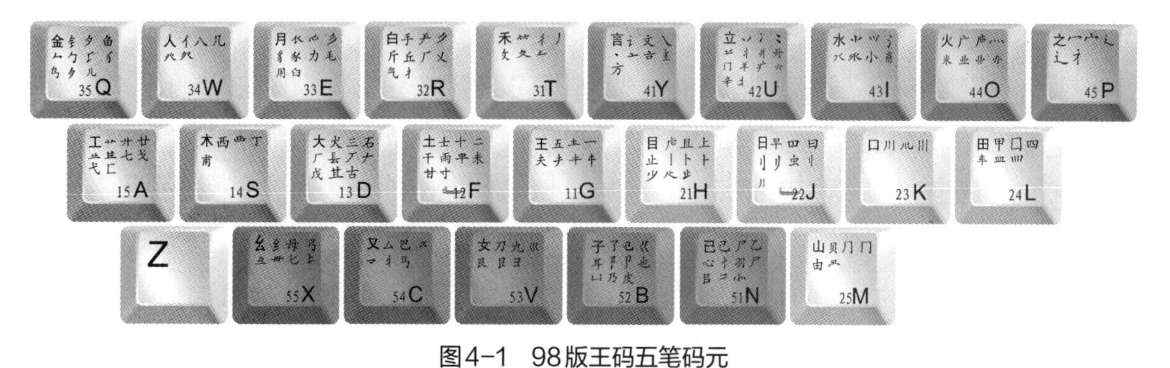

图4-1 98版王码五笔码元

- 在编辑文章的过程中，用户可以随时取字造词，并将新造词按编码规则自动合并到原词库中。
- 支持重码动态调整。
- 用户可根据需要对五笔字型编码进行编辑和修改，同时还能创建容错码。
- 提供了内码转换器，能在不同的中文操作平台之间进行内码转换。

（3）86 版与 98 版王码五笔字型输入法的区别

98 版王码五笔字型输入法是在 86 版王码五笔字型输入法的基础上发展而来的，二者在拆分和编码规则上有相似之处，但也有一定的区别，主要表现在以下几方面。

- **构成汉字基本单元的称谓**。在86版王码五笔字型输入法中，把构成汉字的基本单元称为“字根”；在98版王码五笔字型输入法中则称为“码元”。
- **处理汉字数量**。98版王码五笔字型输入法使用245个码元，除了可以处理国标中的6 763个简体字外，还可以处理大五码中的13 053个繁体字及大字符集中的21 003个字符，由【Caps Lock】键控制，录入状态呈小写时录入简体，呈大写时录入繁体。
- **编码规则**。86版王码五笔字型输入法编码时需要对整字进行拆分；98版王码五笔字型输入法中将总体形似的笔画结构归结为同一码元，一律用码元来描述汉字笔画结构的特征。

任务实施

1. 选择和切换五笔字型输入法

选择和切换五笔字型输入法

获取五笔字型输入法的安装程序后，即可在计算机中进行安装，安装后要想使用五笔字型输入法录入文字，还需要将其设置为当前的输入法。下面以搜狗五笔输入法为例进行讲解，其具体操作如下。

1 打开搜狗五笔字型输入法安装文件所在目录，找到安装程序并双击可执行文件进行安装（如果从官方网站下载，可以自动打开安装向导进行安装，无须手动双击可执行文件），如图 4-2 所示。

2 打开“安装向导”对话框，单击“立即安装”按钮，如图 4-3 所示。

3 系统开始安装搜狗五笔输入法，并显示安装进度，稍后打开“个性化设置向导”对话框，选择“五笔拼音混输”和“86 版”两个单选项，然后单击 下一步(N) 按钮，如图 4-4 所示。

4 选择一款自己喜欢的皮肤，单击 下一步(N) 按钮。选择需要的细胞词库，单击“什么是细胞词库”超链接，可以了解相应的作用，如图 4-5 所示。

图4-2 双击可执行文件

图4-3 “安装向导”对话框

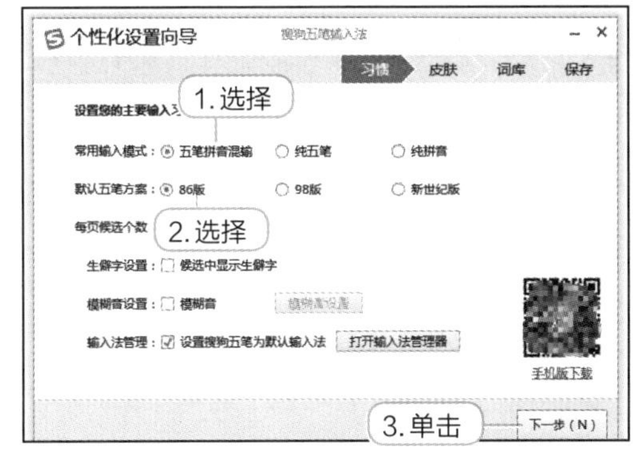

图4-4 “个性化设置向导”对话框

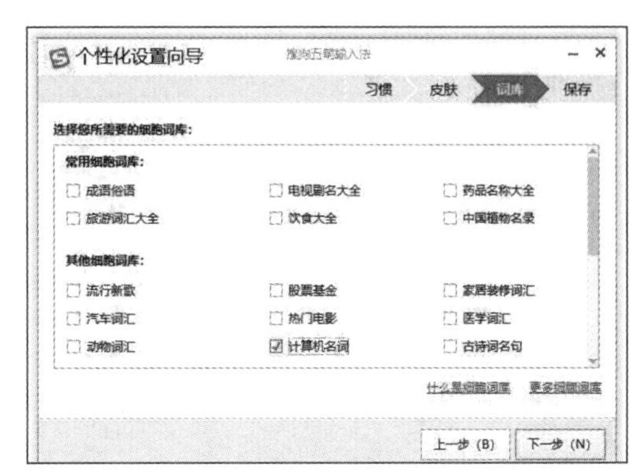
图4-5 选择细胞词库

5 单击 下一步(N) 按钮，在打开的对话框中可以根据提示用QQ或微信账号登录，完成搜狗五笔输入法的安装。

知识补充

建议初学者将输入模式设置为“五笔拼音混输”方式，当有些汉字不能正确拆分或输入时可以输入汉字的拼音进行文字录入，同时搜狗五笔输入法还将在选字框中相应汉字后面显示正确的五笔编码，便于初学者查看。

6 安装完成后，单击系统状态栏右侧的输入法图标，在弹出的输入法列表中即可看到安装的五笔输入法，选择“中文（简体）- 搜狗五笔输入法”，如图4-6所示。此时选择的输入法即为搜狗五笔输入法，并显示浮动的搜狗五笔输入法状态条，如图4-7所示。

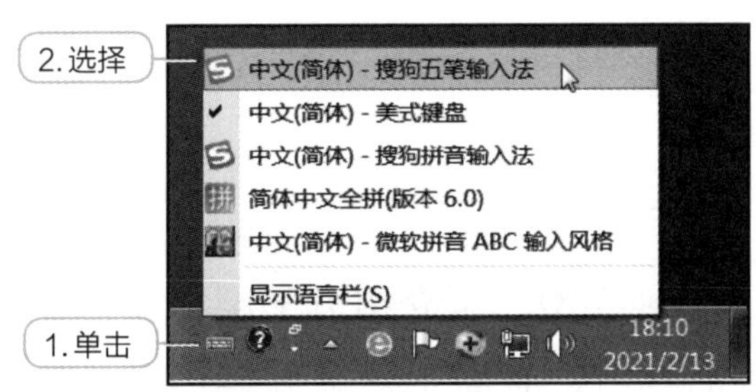

图4-6 选择搜狗五笔输入法

图4-7 显示输入法状态条

2. 设置和删除五笔字型输入法

设置和删除五笔字型输入法

输入法菜单中所提供的输入法并不是一成不变的，用户可以根据实际需要设置或删除输入法。下面将搜狗五笔输入法设置为默认输入法，并将输入法列表中的 98 版王码五笔字型输入法删除，其具体操作如下。

① 右击输入法图标，在弹出的快捷菜单中选择“设置”命令，打开“文本服务和输入语言”对话框。

② 在“默认输入语言”栏的下拉列表框中选择“中文（简体,中国）- 中文（简体）- 搜狗五笔输入法”选项。在“已安装的服务”栏中选择“王码五笔型输入法 98 版（仅 32 位）”选项，然后单击 删除(R) 按钮，单击 确定 按钮完成任务，如图 4-8 所示。

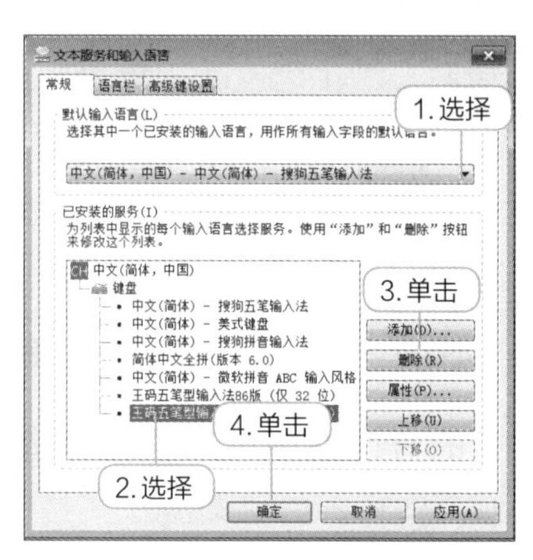

图4-8 设置和删除五笔字型输入法

任务二 练习五笔字根

字根是指由若干笔画交叉连接而形成的相对不变的结构，它是构成汉字的基本单位，也是学习五笔字型输入法的基础。在五笔字型输入法中，把组字能力很强，而且在日常生活中出现频率较高的字根称为基本字根，如“丁”“十”“口”“疒”“日”等都是基本字根。五笔字型输入法中归纳了 130 多个基本字根，加上一些基本字根的变形字根，共有约 200 个字根。

任务目标

本任务先介绍汉字的 3 个层次、5 种笔画、3 种字型，再介绍五笔字根在键盘上的区位分布和字根拆分的 5 个原则等知识。本任务的学习，有助于熟记五笔字根及各键位上五笔字根的分布情况。

五笔字型输入法的实质是根据汉字的组成，先将汉字拆分成字根，再输入各字根所属的编码，即可实现录入汉字的目的。所以在学习五笔字根之前要先了解汉字的基本组成。

1. 汉字的组成

五笔字型输入法将汉字的基本组成分为3个层次、5种笔画、3种字型，而汉字的结构则根据汉字与字根间的位置关系来确定。

（1）汉字的3个层次

笔画是构成汉字的最小结构单位，将基本笔画编排并调整构成字根，然后再将笔画和字根组成汉字。所以从结构上看，汉字可以分为汉字、字根、笔画3个层次，如图4-9所示。

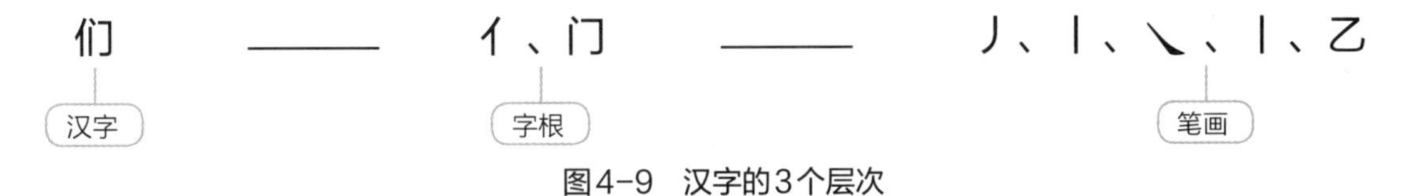

图4-9 汉字的3个层次

- **汉字**。将字根按一定的位置组合起来就组成了汉字。
- **字根**。字根是五笔字型输入法编码的依据，是由两个及以上单笔画以散、连、交方式构成的笔画结构或汉字。
- **笔画**。笔画是指用于组成汉字且不间断的各种形状的点和线。

（2）汉字的5种笔画

虽然汉字不计其数，但每个汉字其实都是通过几种笔画组合而成的。为了使汉字的录入操作更加便捷，在使用五笔字型输入法时，只考虑笔画的运笔方向，而不计其轻重长短，所以将汉字的诸多笔画归结为横（一）、竖（丨）、撇（丿）、捺（㇏）、折（乙）5种。每一种笔画分别以1、2、3、4、5作为代码，如表4-1所示。

表4-1 汉字的5种笔画

笔画名称	代码	运笔方向	笔画及其变形
横	1	从左至右	一、㇀
竖	2	从上至下	丨、亅
撇	3	从右上至左下	丿
捺	4	从左上至右下	㇏、丶
折	5	带转折	乙、乛、乚、㇆、㇇、𠃋

- **横（一）**。在五笔字型输入法中，“横”笔画是指运笔方向从左至右且呈水平的笔画，如汉字“于”的第一笔和第二笔都为“横”笔画；除此之外，还把“提”笔画（㇀）也归为“横”笔画，如“拒”字的偏旁“扌”的最后一笔也属于“横”笔画，如图4-10所示。
- **竖（丨）**。在五笔字型输入法中，“竖”笔画是指运笔方向从上至下的笔画，如“木”字中的竖直线段即属于“竖”笔画；除此之外，还把“竖钩”笔画（亅）也归为“竖”笔画，如“划”字的最后一笔也属于“竖”笔画，如图4-11所示。

图4-10 “横”笔画

图4-11 “竖”笔画

- **撇（丿）**。在五笔字型输入法中，“撇”笔画是指运笔方向从右上至左下的笔画，不同角度和长度的这种笔画都归为“撇”笔画，如汉字“杉”和“天”中的“丿”笔画都属于“撇”笔画，如图4-12所示。
- **捺（㇏）**。在五笔字型输入法中，“捺”笔画是指从左上至右下的笔画，如汉字“入”的最后一笔就属于“捺”笔画；除此之外，还把“点”笔画（丶）也归为“捺”笔画，如汉字“太”中的点“丶”笔画也属于“捺”笔画，如图4-13所示。

图4-12 “撇”笔画

图4-13 “捺”笔画

- **折（乙）**。在五笔字型输入法中，除“竖钩”笔画以外的所有带转折的笔画都属于“折”笔画，如汉字“丸”和“丑”中都有“折”笔画，如图4-14所示。

图4-14 “折”笔画

知识补充

在分析汉字笔画时，认识笔画的运笔方向非常重要。注意“捺”笔画与“撇”笔画的区别，这两个笔画的运笔方向是恰好相反的，需灵活运用。

（3）汉字的3种字型

根据构成汉字各字根的位置，可将汉字分为上下型、左右型、杂合型3种，分别用代码1、2、3表示，如表4-2所示。

表4-2 汉字的3种字型

字型	代码	图示	汉字举例
上下型	1		圭、等、茄、想
左右型	2		时、游、理、部
杂合型	3		火、凶、边、式、非、电

- **上下型**。上下型汉字指能够明显地分隔为上和下两部分，或上、中、下三部分的汉字，并且各部分之间有一定的距离，其中还包括上面部分或下面部分结构为左、右两部分的汉字，如“冒”“京”“森”“瑟”等字。
- **左右型**。左右型汉字指能够明显地分为左、右两部分，或左、中、右三部分的汉字，并且各部分之间有一定的距离，其中还包括左侧部分或右侧部分结构为上、下两部分的汉字，如“他”“缴”“都”“骑”等字。
- **杂合型**。杂合型汉字主要包括全包围、半包围、独体字等汉字结构，这种字型的汉字各部分之间没有明显距离，无法从外观上将其明确地划分为上下两部分或左右两部分，如“困”“建”“丈”“凸”“甩”等字。

2. 五笔字根在键盘上的区位分布

在五笔字型输入法中，字根分布在除【Z】键外的25个英文字母键位中。为了更好地定位和区分各个键位的字根，引入了一个概念——区位，其分布以字根的首笔画代码所属的区域为依据，图4-15所示为86版王码五笔字根的键位分布图。下面介绍区位的作用。

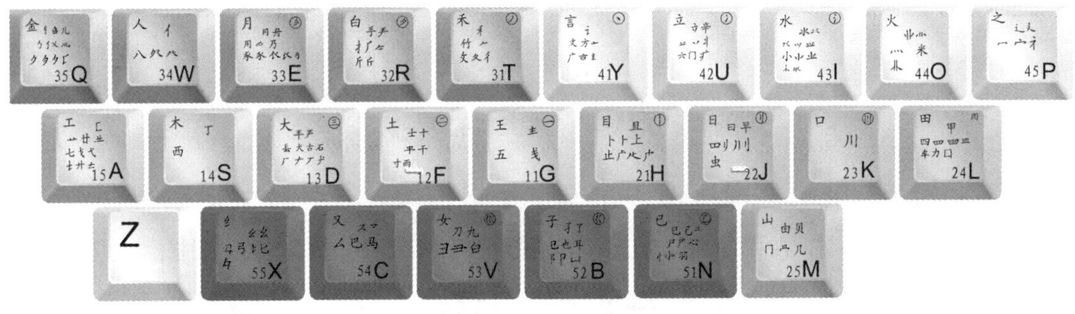

图4-15 86版王码五笔字根的键位分布图

- **5个区**。5个区是指将键盘上除【Z】键外的25个字母键分为以横、竖、撇、捺、折为首笔画的5个区域，并依次用代码1、2、3、4、5表示区号。例如，“宜”的首笔画是点，就归为捺区，即第4区。
- **5个位**。“位”是5区中各键的代号，也用代码1、2、3、4、5表示位号。例如，

【G】键对应第1区的第1位，则其位号为1;【H】键对应第2区的第1位，则其位号为1，其余键的位号依此类推。

- **区位号**。区位号是指将每个键的区号作为第1个数字，位号作为第2个数字，组合起来表示一个键位。在键盘上，除【Z】键外的25个字母键都有唯一的编号，如【G】键的区位号是11，【T】键的区位号是31，其余键的区位号依此类推。

知识补充

由图4-15可以看出，每个字母键位上都分布了多个字根，并且这些字根包括单个汉字、汉字的偏旁、变形笔画等不同类型。所以，在记忆五笔字根时千万不要死记硬背，要注意观察字根的外形和笔画，做到理解和观察相结合，然后再根据字根的分布规则进行灵活记忆。

3. 字根拆分原则

在五笔字型输入法中，所有汉字都可以看作由基本字根组成，在录入汉字之前需要将汉字拆分成一个个基本字根。在进行汉字拆分操作前，需要先了解各字根之间的结构关系和字根拆分的5个原则。

（1）字根间的结构关系

拆分汉字时把非基本字根一律拆分成彼此交叉相连的基本字根，这种交叉相连的字根关系可以分为单、连、散、交4种结构。

高清彩图
字根间的组合关系

- **“单”字根结构**。有些汉字本身就是一个基本的五笔字根，无须或无法再对其进行拆分。例如，“士”“手”“西”“方”“木”“四”“目”等汉字都是“单”字根结构。
- **“连”字根结构**。有些汉字是由一个基本字根和单笔画相连而成的，“连”字根结构包括图4-16所示的两种情况。

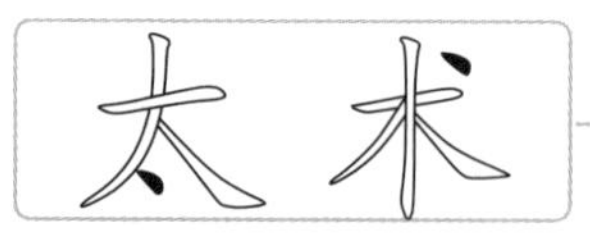

图4-16 “连”字根结构的两种情况

- **“散”字根结构**。有些汉字由多个基本字根构成，并且各字根之间有一定的距离。例如，常见的左右型和上下型汉字均属于“散”字根结构，如图4-17所示。

图4-17 “散”字根结构的汉字

- **“交”字根结构**。有些汉字由几个基本字根交叉相叠而成，并且各字根之间没有明显的间隔距离。例如，“末”“本”由“一”“木”交叉构成，如图4-18所示。

“夫”“里”“中”等汉字都是“交”字根结构。另外，交叉结构的汉字也属于杂合型汉字。

图4-18 “交”字根结构的汉字

（2）字根拆分的5个原则

字根拆分的5个原则包括“书写顺序”原则、“取大优先”原则、“能连不交”原则、“能散不连”原则、“兼顾直观”原则。需要特别注意的是，键名汉字和字根汉字除外。

- **“书写顺序”原则**。按书写汉字的顺序，将汉字拆分为键面上的基本字根。进行字根拆分操作时，要以书写顺序为拆字的主要原则，再遵循其他原则。书写顺序通常为从左至右、从上至下、从外至内，拆分字根时也应按照该顺序来进行，如图4-19所示。需要注意的是，带“廴”“辶”字根的汉字应先拆分其内部包含的字根。

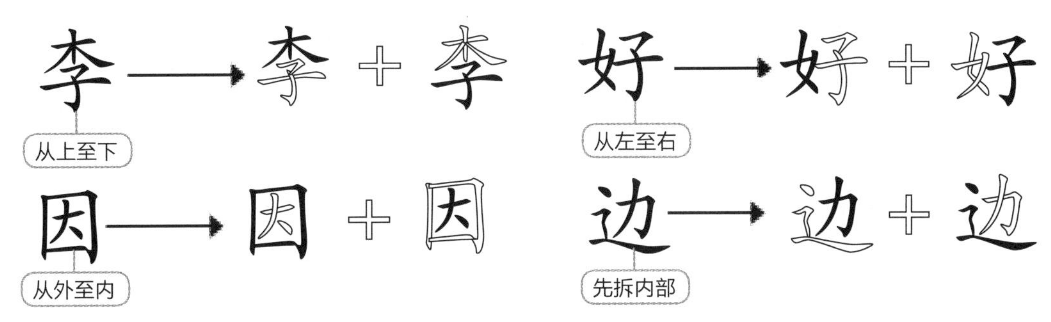

图4-19 按“书写顺序”原则拆分字根

- **“取大优先”原则**。拆分字根时，拆分出来的字根笔画数量应尽量多，而拆分的字根则应尽量少，但必须保证拆分的字根是键面上有的基本字根。例如，汉字“则”的第一个字根“冂”，可以与第二个字根“人”合并，形成一个笔画更多的字根“贝”，如图4-20所示。

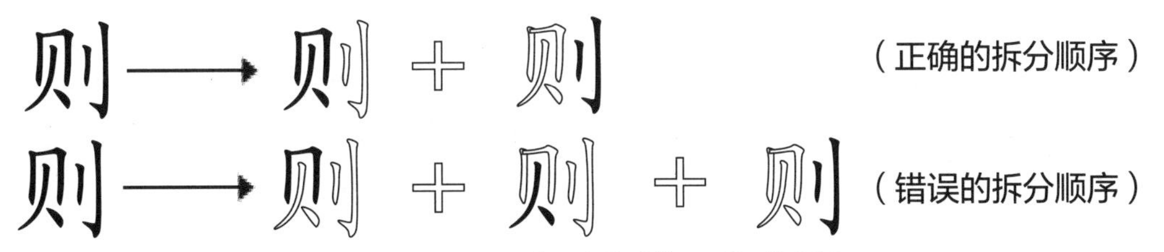

图4-20 按“取大优先”原则拆分字根

- **“能连不交”原则**。拆分字根时，能拆分成“连”结构就不拆分成“交”结构的汉字。例如“天”字，第一种拆分方法的字根关系为“连”，而第二种拆分方法的字根关系则为“交”，因此第一种拆分方法才是正确的，如图4-21所示。

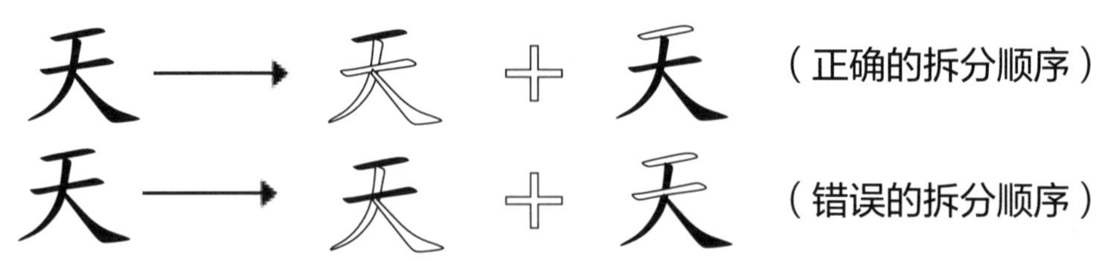

图4-21　按“能连不交”原则拆分字根

- **“能散不连”原则**。拆分字根时，能拆分成“散”结构就不拆分成“连”结构的汉字，如图4-22所示。

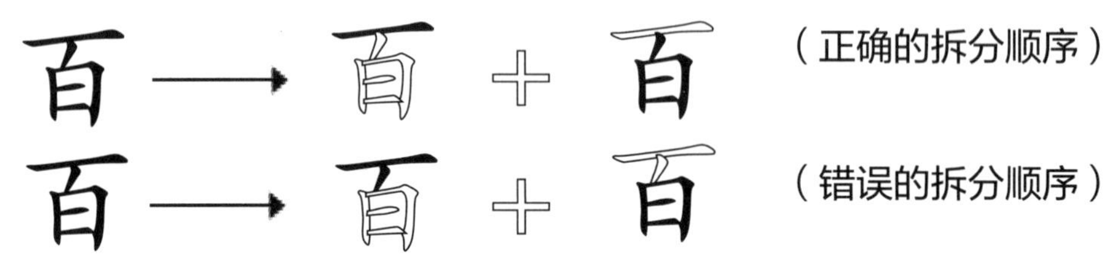

图4-22　按“能散不连”原则拆分字根

- **“兼顾直观”原则**。拆分字根时，为了使拆分的字根更直观，有时会暂时弃用“书写顺序”和“取大优先”原则，将汉字拆分成更容易辨认的字根。例如，按“书写顺序”原则“国”字应拆分为字根“门”“王”“丶”“一”，但这样不能使字根“口”直观易辨，所以将其拆分为“口 ”“王”“丶”，这便是“兼顾直观”原则，如图4-23所示。

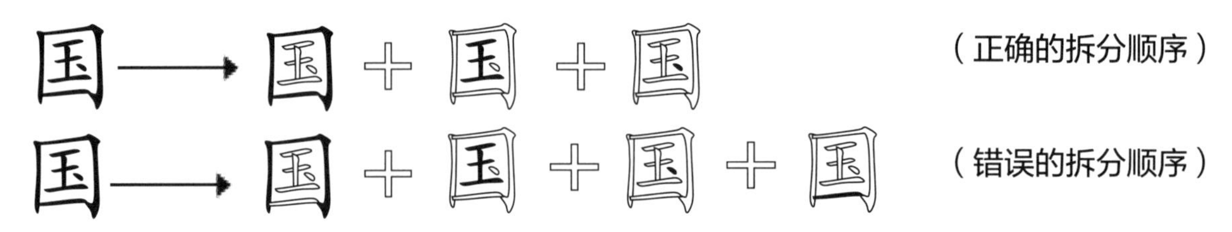

图4-23　按“兼顾直观”原则拆分字根

知识补充

拆分字根时应遵循一个总体原则：优先考虑“书写顺序”，无论如何也不能连的字就“取大优先”，只要是能连的字就“兼顾直观”。需要注意的是，上述几项原则相辅相成，并非相互独立。

任务实施

微课视频

分区进行字根练习

1. 分区进行字根练习

在金山打字通2016中，按横、竖、撇、捺、折5个分区来进行字根录入练习，对于输错的字根应重点复习，加强记忆。通过练习便可掌握大多数字根的键位分布，同时为学习五笔字型输入法打好基础，其具体操作如下。

1 启动金山打字通 2016，在首页中单击“五笔打字”按钮。

2 进入“五笔打字”界面，单击“五笔输入法”按钮，了解有关五笔字型输入法的基础知识，通过简单的测试后打开下一关“字根分区及讲解”界面，单击“跳过讲解”按钮，直接进行练习。

3 打开“字根分区及讲解练习”界面，课程初始默认为“横区字根”。

4 此时，练习界面上方显示了一行横区字根，根据前面介绍的字根区位号和字根在键盘上的分布规律等相关知识，判断字根所在键位，然后依次按当前字根所对应的键，如图 4-24 所示。

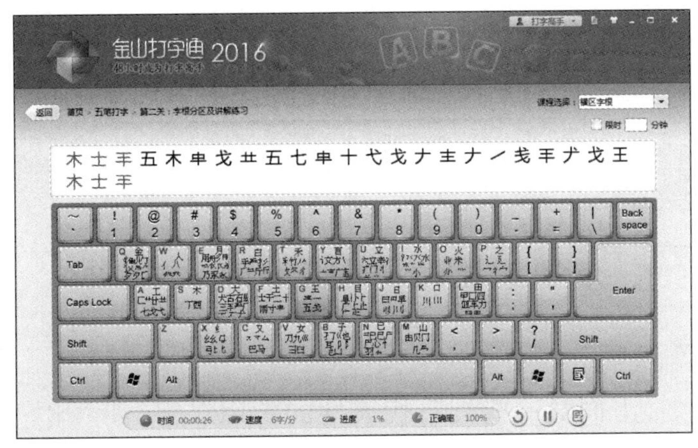

图4-24　练习录入横区字根

5 若判断错误某个字根所在键位，则会在下方的模拟五笔键盘的对应键位中显示 ，此时，用户可查看正确的键位后重新录入。

6 录入完一行后，系统会自动翻页。同时，在界面下方将显示录入字根的时间、速度、正确率等信息。

7 完成横区字根的练习后，在右上角的“课程选择”下拉列表框中选择“竖区字根”选项，如图 4-25 所示，继续进行竖区字根的录入练习。

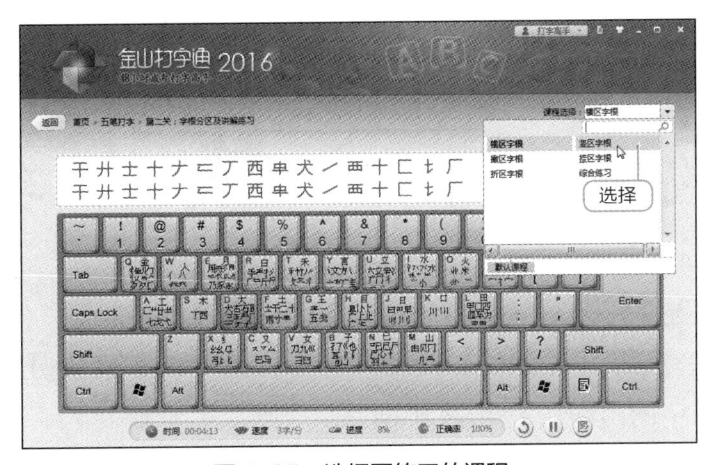

图4-25　选择要练习的课程

8 熟记横区和竖区字根后，用相同的方法在金山打字通 2016 中进行撇区、捺区、折区字根的录入练习。

9 为了进一步提升对字根的录入熟练程度，可以勾选“课程选择”下拉列表框下方的“限时”复选框，并在后面的数值框中录入限制时间，从而提升练习难度，如图 4-26 所示 。

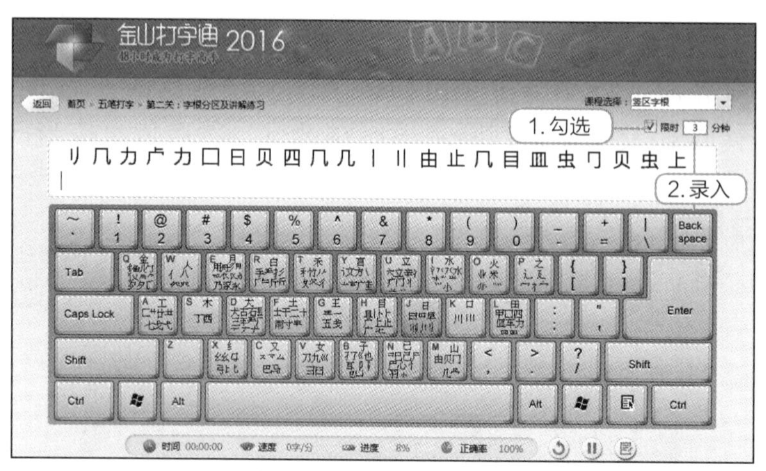

图4-26 设置时间限制

2. 拆分常用汉字

根据字根拆分原则，下面对一些具有代表性的常用汉字，如“出”“特”“载”“初”“切”进行拆分练习，注意一些变形字根的处理方法。

1 拆分汉字“出”，若按照书写习惯，应将“出”字拆分为“凵”“丨”“凵”这 3 个字根。但“出”字属于独体字，应遵行“取大优先”的原则，因此在进行拆分操作时，应坚持“取大优先”原则而放弃“书写顺序”原则，即拆分为“凵”“山”。

2 拆分汉字“特”，根据“书写顺序”和“能连不交”原则，应将其拆分为“丿”“扌”“土”“寸”，而不是“⺧”“丨”“土”“寸”，与“特”字拆分类似的汉字还有“百”“牧”等。

3 拆分汉字“载”，根据“取大优先”原则，应先将其拆分为“十”和“戈”，再拆分被包围的部分，即“车”字根，如图 4-27 所示。但这有违“书写顺序”原则，对于此类特殊汉字应单独记忆。与“载”字拆分类似的汉字还有“裁”“栽”“截”等。

图4-27 拆分汉字“载”

4 拆分汉字“初”，根据“书写顺序”原则进行拆分即可。需要注意的是，偏旁“衤”不是一个字根，应将其拆分成“⻂”和“冫”，该字的正确拆分方法如图 4-28 所示。带有“衤”偏旁的汉字的拆分方法与之相同。

初——→初 + 初 + 初

图4-28 拆分汉字“初”

5 拆分汉字“切”，根据“书写顺序”原则进行拆分即可。需要注意的是，“七”字根是【A】键上“七”字根的变形字根，要联想记忆，应将该字拆分为“七”和“刀”字根。

知识补充

虽然五笔字型输入法学习起来很简单，但只有熟记五笔字根后，才能提高打字速度。在学习五笔字型输入法的过程中应注意以下几点。

① 学习五笔字型输入法没有捷径可走，只有通过不断的记忆和练习才能熟能生巧。要经常用五笔字型输入法，如果很长时间不用，也会忘记。

② 重点练习拆字，在汉字拆分过程中，要单独记忆字根的变形和一些特殊情况，这是学习五笔字型输入法的难点。

③ 多想多练，不能死记硬背，要善于分析和总结。

实训一 在金山打字通中进行字根练习

【实训要求】

通过分区练习，熟记各字根的键位分布后，为了进一步加深对五笔字根的记忆，下面继续在金山打字通 2016 中对所有五笔字根进行综合练习，要求限时 5 分钟，正确率达到 100%。

【实训思路】

在金山打字通 2016 的“五笔打字”板块的第二关进行综合练习。先选择要练习的课程，然后对练习时间进行限制，最后在规定的时间内完成练习。在练习过程中，依然要坚持以标准的键位指法按键。

【步骤提示】

1 在“字根分区及讲解练习”界面的“课程选择”下拉列表框中选择“综合练习”选项。

2 在“课程选择”下拉列表框下方勾选“限时”复选框，并在后面的数值框中录入“5”，如图 4-29 所示。

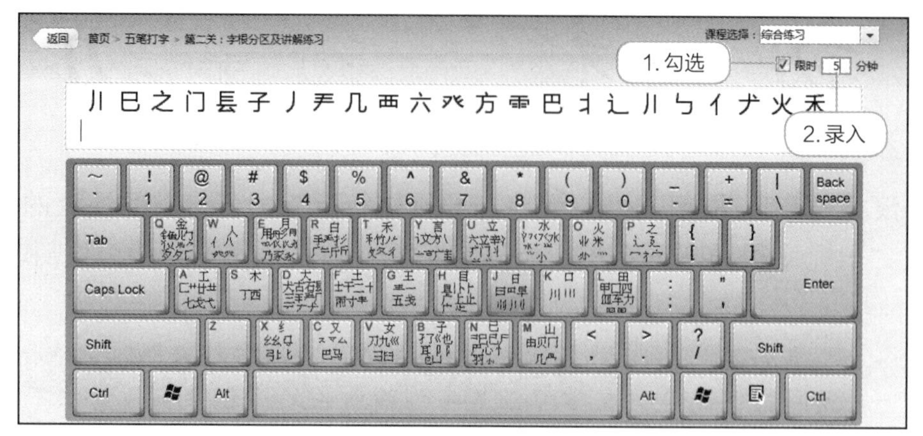

图4-29　字根综合练习

③ 反复练习所有字根，直至能够准确记忆全部字根及字根所在的区位。

实训二　练习拆分单个汉字

【实训要求】

通过金山打字通 2016 进行中文打字速度测试，完成后查看测试结果。要求中文录入速度高于 100 字 / 分钟，正确率高于 95%。拆分汉字练习册如图 4-30 所示。

她（　　）	知（　　）	爱（　　）	唱（　　）	案（　　）	暗（　　）
岩（　　）	岸（　　）	爸（　　）	摆（　　）	碍（　　）	啊（　　）
百（　　）	非（　　）	辈（　　）	纺（　　）	理（　　）	优（　　）
存（　　）	错（　　）	答（　　）	逮（　　）	耽（　　）	呆（　　）
股（　　）	顾（　　）	怪（　　）	官（　　）	贯（　　）	规（　　）
近（　　）	禁（　　）	精（　　）	况（　　）	敬（　　）	救（　　）
蛮（　　）	温（　　）	煤（　　）	每（　　）	美（　　）	闷（　　）
劝（　　）	券（　　）	君（　　）	线（　　）	容（　　）	海（　　）
添（　　）	填（　　）	跳（　　）	厅（　　）	停（　　）	偷（　　）
焰（　　）	殃（　　）	痒（　　）	腰（　　）	验（　　）	眼（　　）

图4-30　拆分汉字练习

【实训思路】

本实训根据字根间的结构关系和字根拆分原则等相关知识，对列举的汉字进行字根拆分练习。遇到难拆分的汉字时，要多分析该汉字的结构并联想与之相关的变形字根。

【步骤提示】

① 熟记五笔字根并掌握字根拆分原则后，进行汉字拆分。例如，“她”字属于左右型，根据“书写顺序”原则，应该将其拆分为“女”“也”两个字根。

② 按照相同的操作思路，拆分剩余汉字。

课后练习

（1）在金山打字通 2016 的“五笔打字”板块的第二关进行过关测试，步骤提示如下。

1 启动金山打字通 2016，在首页中单击“五笔打字”按钮。

2 进入“五笔打字”界面，单击“字根分区及讲解”按钮，单击“跳过讲解”按钮，打开“字根分区及讲解练习”界面。

3 单击当前界面右下角的“测试模式”按钮，打开“字根分区及讲解过关测试”界面进行测试，如图 4-31 所示。要求录入速度必须达到 70 字 / 分钟，正确率达到 100%。

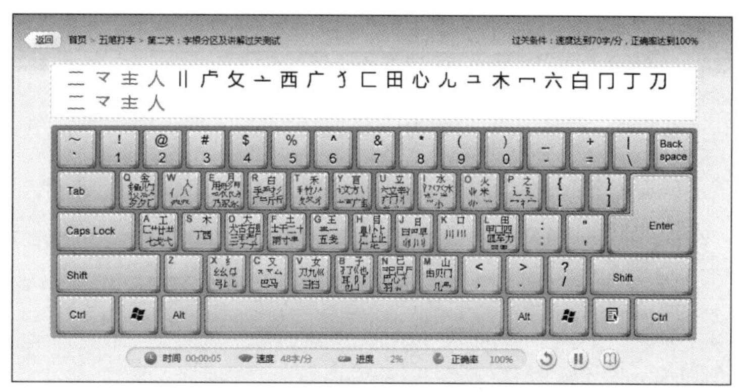

图4-31 字根过关测试练习

4 测试完成并达到规定条件后，系统将打开通关提示对话框。若对自己的测试成绩不满意，可以单击对话框中的“再测一次”按钮重新测试。

（2）根据五笔字根分布图和字根口诀，判断下列字根所属键位。

例如：火 键位（O）。

口：键位（ ）	冫：键位（ ）	山：键位（ ）	丨：键位（ ）
立：键位（ ）	十：键位（ ）	月：键位（ ）	禾：键位（ ）
目：键位（ ）	早：键位（ ）	大：键位（ ）	扌：键位（ ）
言：键位（ ）	刂：键位（ ）	灬：键位（ ）	了：键位（ ）
乃：键位（ ）	八：键位（ ）	儿：键位（ ）	用：键位（ ）
廿：键位（ ）	斤：键位（ ）	王：键位（ ）	竹：键位（ ）
雨：键位（ ）	亻：键位（ ）	手：键位（ ）	五：键位（ ）
攵：键位（ ）	彐：键位（ ）	夕：键位（ ）	犬：键位（ ）
一：键位（ ）	火：键位（ ）	匕：键位（ ）	

（3）指出下列汉字中各字根之间的结构关系。

例如：枯（“散”字根结构汉字）。

务（ ）	尖（ ）	颂（ ）	受（ ）	自（ ）
习（ ）	备（ ）	看（ ）	英（ ）	且（ ）

才（　　）荡（　　）凶（　　）众（　　）夫（　　）
老（　　）量（　　）尤（　　）观（　　）重（　　）
师（　　）汉（　　）年（　　）体（　　）咪（　　）

（4）根据字根拆分原则练习拆分下列汉字，并指出每个字根在键盘上所属的键位。

例如：好　　字根（女、子）（V、B）。

打：字根（　　）（　　）　英：字根（　　）（　　）　匠：字根（　　）（　　）
评：字根（　　）（　　）　伸：字根（　　）（　　）　休：字根（　　）（　　）
雪：字根（　　）（　　）　生：字根（　　）（　　）　译：字根（　　）（　　）
芝：字根（　　）（　　）　明：字根（　　）（　　）　锌：字根（　　）（　　）
充：字根（　　）（　　）　习：字根（　　）（　　）　学：字根（　　）（　　）
复：字根（　　）（　　）　补：字根（　　）（　　）　栏：字根（　　）（　　）
无：字根（　　）（　　）　道：字根（　　）（　　）　单：字根（　　）（　　）
语：字根（　　）（　　）　练：字根（　　）（　　）　素：字根（　　）（　　）
框：字根（　　）（　　）　妈：字根（　　）（　　）　你：字根（　　）（　　）
效：字根（　　）（　　）　选：字根（　　）（　　）　纹：字根（　　）（　　）
数：字根（　　）（　　）　等：字根（　　）（　　）

技能提升

1. 拆分“剩”字的方法

从字形上看，“剩”字为左右结构，其中较难拆分的部分是左侧的“乘”。根据“取大优先”原则，应将“乘”字拆分为“禾”“丬”“匕”3个字根，“剩”字的最后拆分结果为“禾”“丬”“匕”“刂”。

2. 五笔字根口诀

在记忆五笔字根时，除了要掌握五笔字根的键位分布图外，还可以借助表4-3至表4-7所示的五笔字根口诀表进行辅助记忆。

表4-3　五笔字根口诀（横区）

键位	五笔字根口诀	口诀解析
王 龶 ㊀ 五 戋 11G	王旁青头戋（兼）五一	“王旁”指偏旁“王”（王字旁）；“青头”指“青”字的上半部分“龶”；“兼”为“戋”（同音）；“五一”是指字根“五”和“一”

续表

键位	五笔字根口诀	口诀解析
12F	土士二干十寸雨	分别指字根“土”“士”“二”“干”“十”“寸”“雨”，另外需特别记忆“革”字的下半部分“丰”字根
13D	大犬三羊古石厂	“大”“犬”“三”“古”“石”“厂”为6个成字字根，“羊”即“⺷”“⺶”；记住“厂”，就可联想记忆“ナ”“丆”“ア”；“古”可看作“石”的变形字根来记忆；除此之外，“镸”字根需特殊记忆
14S	木丁西	该键位直接记忆“木”“丁”“西”3个字根即可
15A	工戈草头右框七	“工”“戈”“七”为3个基本字根，“草头”即为偏旁“草字头”（艹）及形似字根“廿”“龷”“廾”；“右框”为开口向右的方框“匚”；最后联想记忆与“戈”相似的字根“弋”

表4-4 五笔字根口诀（竖区）

键位	五笔字根口诀	口诀解析
21H	目具上止卜虎皮	“目”指“目”字根；“具上”指字根“且”和“上”；“止卜”分别为字根“止”“卜”及其相似字根“龰”和“⺊”；“虎皮”指字根“虍”和“广”
22J	日早两竖与虫依	“日早”指“日”和“早”两个字根；“两竖”指字根“刂”“〢”“⺉”；“与虫依”指字根“虫”；记忆字根“日”时，应注意记忆其变形字根“曰”和“⺜”
23K	口与川，字根稀	“口与川”是指字根“口”和“川”，以及字根“川”的变形字根“⺍”；“字根稀”是指该键上的字根较少
24L	田甲方框四车力	“田甲”指“田”和“甲”两个字根；“方框”指字根“囗”，应注意与【K】键上的字根“口”进行区别；“四车力”均为单个字根，要注意记忆与“四”相似的字根“罒”“⺲”“皿”“罒”

续表

键位	五笔字根口诀	口诀解析
25M	山由贝，下框骨头几	“山由贝”指“山”“由”“贝”3个字根；“下框”指开口向下的“冂”字根，同时联想记忆“几”和“贝”；“骨头”指“骨”字的上半部分“⺆”字根

表4-5 五笔字根口诀（撇区）

键位	五笔字根口诀	口诀解析
31T	禾竹一撇双人立，反文条头共三一	“禾竹”指“禾”“竹”两个字根；“一撇”指“丿”字根；“双人立”指偏旁“彳”；“反文”指偏旁“攵”；“条头”指“条”字上半部分“夂”，“共三一”指这些字根都位于区位号为31的【T】键上
32R	白手看头三二斤	“白手”指字根“白”“手”和变形字根“扌”；“看头”指“看”字的上半部分“𠂒”；“三二”指这些字根位于区位号为32的【R】键上，并包括变形字根“𠂉”“𠂇”“厂”；“斤”指字根“斤”和变形字根“⺁”
33E	月彡（衫）乃用家衣底	“月衫乃用”指“月”“彡”“乃”“用”4个字根；“家衣底”分别指“家”和“衣”字的下部分“豕”和“𧘇”，注意记忆该键上的其他变形字根
34W	人和八，三四里	“人和八”指字根“人”和“八”；“三四里”指这些字根均位于区位号为34的【W】键上，注意记忆该键上的其他变形字根
35Q	金勺缺点无尾鱼，犬旁留乂儿一点夕，氏无七（妻）	“金勺缺点无尾鱼”指字根“金”“勹”“⺈”；“犬旁留乂儿”指字根“犭”“乂”“儿”；“一点夕”指字根“夕”及相似字根“⺈”；“氏无七（妻）”指“𠂆”字根

表4-6 五笔字根口诀（捺区）

键位	五笔字根口诀	口诀解析
41Y	言文方广在四一，高头一捺谁人去	“言文方广”指“言”“讠”“文”“方”“广”字根；“在四一”指这些字根位于区位号为41的【Y】键上；“高头”指“高”字的“亠”和“𠮛”；“一捺”指基本笔画“㇏”和“丶”字根；“谁人去”即指去掉偏旁后的“⻌”字根

续表

键位	五笔字根口诀	口诀解析
42U	立辛两点六门疒	“立辛”指“立”和“辛”字根；“两点”指“冫”和“丷”字根，及其变形字根“丬”和“䒑”；“六门”指字根“六”和“门”；“疒”指“病”字的偏旁
43I	水旁兴头小倒立	“水旁”指“氵”和延伸字根“氺”“⺀”“水”；“兴头”指“兴”字的上半部分“⺍”“⺌”字根和变形字根“⺌”；“小倒立”指字根“⺌”
44O	火业头，四点米	“火”是一个字根，“业头”指“业”字的上半部分“⺌”字根及其变形字根“⺌”；“四点”指“灬”字根；“米”为一个字根
45P	之字宝盖建道底，摘礻（示）衤（衣）	“之”指“之”字根及其变形字根“廴”和“辶”；“宝盖”指偏旁“冖”和“宀”；“摘礻（示）衤（衣）”指将“礻”和“衤”的末笔画去掉后的字根“⺈”

表4-7 五笔字根口诀（折区）

键位	五笔字根口诀	口诀解析
51N	已半巳满不出己，左框折尸心和羽	“已半巳满不出己”分别指字根“已”“巳”“己”；“左框”指开口向左的框，即字根“コ”；“折”指字根“乙”；“尸”指字根“尸”和变形字根“尸”；“心和羽”指“心”“羽”两个字根及变形字根“忄”“⺗”
52B	子耳了也框向上	“子耳了也”分别指字根“子”“耳”“了”“也”；“框向上”指开口向上的框“凵”；另外，需要特别记忆“耳”“也”“子”的变形字根“卩”“阝”“㔾”“乜”“孑”
53V	女刀九臼山朝西	“女刀九臼”分别指字根“女”“刀”“九”“臼”；“山朝西”指“山”字开口向西，即指字根“彐”；另外，应特殊记忆“彐”字根的变形字根“⺕”
54C	又巴马，丢矢矣	“又巴马”分别指“又”“巴”“马”3个字根；“丢矢矣”指“矣”字去掉下半部分后剩下的字根“厶”；另外，单独记忆变形字根“マ”和“ス”
55X	慈母无心弓和匕，幼无力	“慈母无心”指去掉“母”字中间部分笔画，剩下字根“⺟”；“弓和匕”分别指字根“弓”“匕”，记忆时应注意“匕”的变形字根“⺊”；“幼无力”指去掉“幼”字右侧的偏旁“力”后，剩下的字根“幺”及其变形字根“纟”

3. 如何选择适合自己的输入法

用户在选择输入法时，一般关注的是易学性、易记性、录入速度 3 个特性。要了解输入法是否具有以上特性，参考指标主要有以下几个。

- **重码数**。如果同一编码，对应多个汉字，则认为是重码。例如，拼音“zhong”对应的汉字有“中”“重”“钟”等。
- **重码率**。对所有汉字进行编码的结果中，（重码数目 ÷ 汉字数目）× 100% 为重码率。如果收录6 000个汉字中有600个汉字重码，则重码率为10%。重码率越高，编码质量越差，录入时需看屏幕选择汉字，录入速度越慢，如拼音输入法。重码率低有助于实现盲打。
- **盲打**。有些定义认为录入时不看键盘就是盲打，但真正意义上的盲打应该是录入时既不看屏幕，也不看键盘，只看文稿。
- **码长**。汉字编码所需的按键次数称为码长。码长越短，按键次数越少，速度越快；但是，理论上码长越短重码率越高。
- **记忆量**。输入法的规律性越强，记忆量就越少，则容易记忆，甚至不用记忆。
- **易学性**。编码规则越多，越不易学习。

需要注意的是，这些指标有时会互相矛盾，并不能兼而有之，必须找到某种平衡，用户需要综合考虑。同时满足重码率最低、码长最短、记忆量最少、规则最少条件的输入法是不存在的，任何输入法都一定会有优点和缺点。

05

项目五 使用五笔字型输入法录入汉字

情景导入

米拉：老洪，什么时候才能教我用五笔字型输入法录入汉字呢?

老洪：米拉，学习任何知识都应该有一个循序渐进的过程。

米拉：明白了，我会把前面学习的知识再巩固一遍。

老洪：米拉，前面讲过的五笔字根的记忆情况如何?

米拉：除了某些特殊和变形字根还不能准确判断外，大部分的字根和对应键位都已经没有问题了。

老洪：既然基础已经没有问题了，那我们就开始学习使用五笔字型输入法录入汉字吧。

米拉：我已经迫不及待想要尝试了。

学习目标

- 掌握末笔识别码的判定和添加方法
- 掌握键面汉字的录入规则
- 掌握键外汉字的录入规则
- 掌握简码汉字的录入规则
- 掌握词组的录入规则

技能目标

- 能够正确添加末笔识别码
- 能够快速录入一级和二级简码汉字
- 能够以词组的形式提升汉字录入速度

任务一　录入键面汉字和键外汉字

掌握了五笔字型输入法的字根和汉字拆分原则后，便可以借助末笔识别码、键面汉字录入规则、键外汉字录入规则录入汉字了。

本任务练习录入键面汉字和键外汉字。在练习录入操作前，先要掌握末笔识别码的判别方法，然后运用键面汉字和键外汉字的录入规则录入汉字。通过对本任务的学习，有助于熟练掌握键面汉字和键外汉字的录入方法。

相关知识

在学习汉字的录入方法之前，先要学习末笔识别码。对于拆分后不足 4 个字根的汉字，有时需要补充录入其对应的识别码，若添加识别码后仍不足 4 码，则补充录入一个空格。下面先介绍末笔识别码及其判定方法，然后介绍键面汉字和键外汉字的录入规则。

1. 认识末笔识别码

（1）末笔识别码的概念

末笔识别码是指将书写汉字时最后一笔笔画的代码作为区号，同时将汉字的字型结构作为位号的一组识别码，如表 5-1 所示。

表5-1　末笔识别码的组成

汉字末笔笔画	左右型（代码“1”）	上下型（代码“2”）	杂合型（代码“3”）
横 1	G（11）	F（12）	D（13）
竖 2	H（21）	J（22）	K（23）
撇 3	T（31）	R（32）	E（33）
捺 4	Y（41）	U（42）	I（43）
折 5	N（51）	B（52）	V（53）

（2）末笔识别码的判定

在判定汉字的末笔识别码时，笔画书写顺序十分重要。对于全包围或半包围等特殊结构的汉字，以及与书写顺序不一致的汉字，还有以下几种特殊规则。

- **全包围或半包围结构汉字的末笔识别码**。对于“建、赶、凶、过”等汉字，其末笔笔画规定为被包围部分的最后一笔。以“句”字为例，“句”字是半包围结构，所以末笔笔画是被包围部分“口”的最后一笔，即“一”，对应区号为“1”；其字型结构属于杂合型，对应位号为“3”。因此，“句”的末笔识别码为13，对应键盘中的【D】键，如图5-1所示。

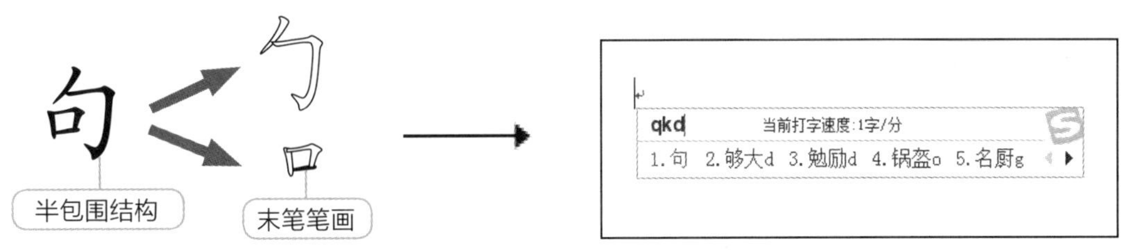

图5-1 半包围结构的汉字的末笔识别码

- **与书写顺序不一致的汉字的末笔识别码**。对于最后一个字根由“九、刀、七、力、匕”等字根构成的汉字，一律以“折”笔画作为末笔笔画。以“仑”字为例，其末笔笔画为“乙”，字型结构属于上下型，因此得到的末笔识别码为52，对应键盘中的【B】键，如图5-2所示。

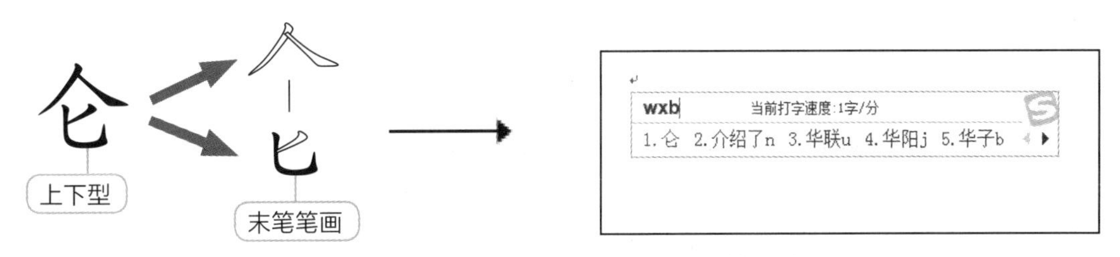

图5-2 与书写顺序不一致的汉字的末笔识别码

- **带单独点的汉字的末笔识别码**。对于“义、太、勺”等汉字，均把“丶”当作末笔笔画，即“捺”作为末笔笔画。以“义”字为例，其末笔笔画为“丶”，字型结构属于杂合型，因此得到末笔识别码43，对应键盘中的【I】键，如图5-3所示。

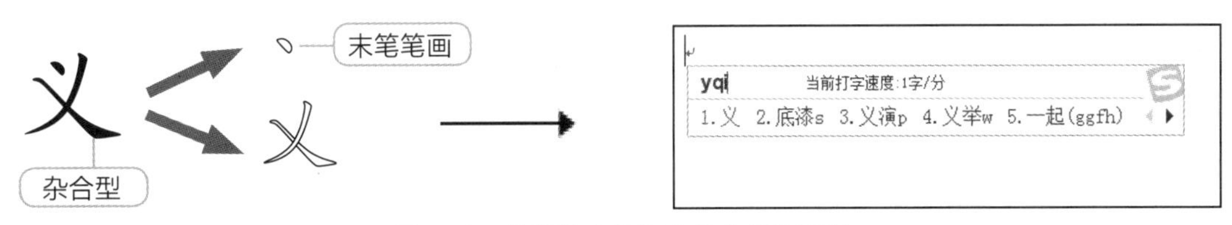

图5-3 带单独点的汉字的末笔识别码

- **特殊汉字的末笔识别码**。对于“我、钱、成”等汉字，其判定应遵循“从上到下”原则，一律规定“丿”为末笔笔画。以“伐”字为例，其末笔笔画为“丿”，字型结构属于左右型，因此得到末笔识别码为31，对应键盘中的【T】键，如图5-4所示。

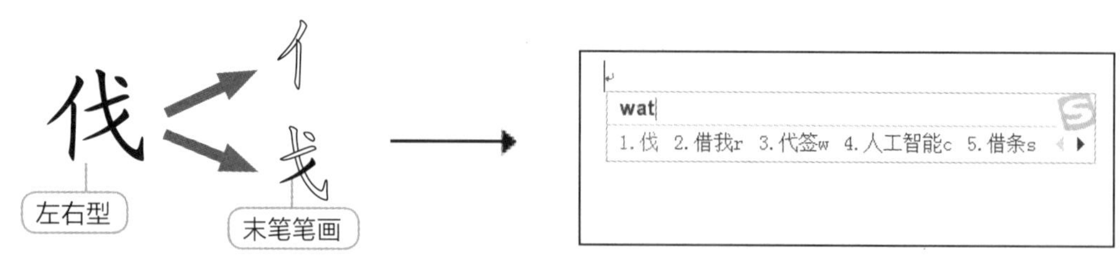

图5-4 特殊汉字的末笔识别码

2. 键面汉字录入规则

键面汉字是指在五笔字型字根表里存在的字根，其本身就是一个简单的汉字。键面汉字主要包括单笔画、键名汉字、成字字根汉字 3 种类型，下面分别介绍其录入规则。

（1）单笔画录入规则

在五笔字型字根表中，有横（一）、竖（丨）、撇（丿）、捺（㇏）、折（乙）5 种基本笔画，也称单笔画。其录入方法为：首先按两次该单笔画所在的键位，再按两次【L】键。以录入单笔画“乙”为例，由于“乙”所在的字母键为【N】键，所以先按两次【N】键，再按两次【L】键。

其他 4 种单笔画的编码如下。

一（GGLL）　　丨（HHLL）　　丿（TTLL）　　㇏（YYLL）

（2）键名汉字录入规则

在五笔字型字根的键位分布图中，每个键位的左上角都有一个汉字（【X】键除外），该汉字是键位上所有字根中最具有代表性的字根，被称为键名汉字。键名汉字的分布如图 5-5 所示。

录入键名汉字的方法是：连续按该字根对应的键 4 次。

图5-5 键名汉字的分布

（3）成字字根汉字录入规则

除了键名汉字外，还有一些完整的汉字字根，这些字根本身就是一个汉字，因此被称为成字字根汉字。

高清彩图
成字字根汉字录入规则

- **成字字根汉字在键盘上的分布**。在五笔字型字根中，除【P】和【Z】键外，其余24个字母键上均有成字字根汉字。各键位分布的成字字根汉字如图5-6所示。

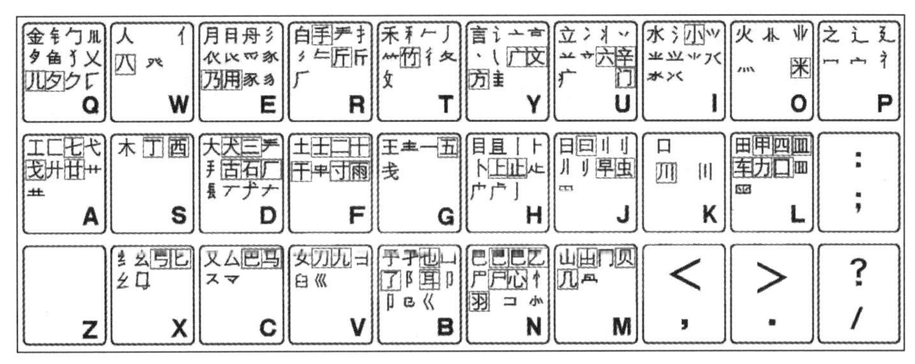

图5-6 成字字根汉字的分布

- **成字字根汉字的取码规则**。先按一下成字字根所在的键，称为“报户口”，然后按它的书写顺序依次按它的第一笔、第二笔及最后一笔对应的键，若不足4码，则补按【Space】键。例如，录入成字字根“耳”字，其取码顺序如图5-7所示。

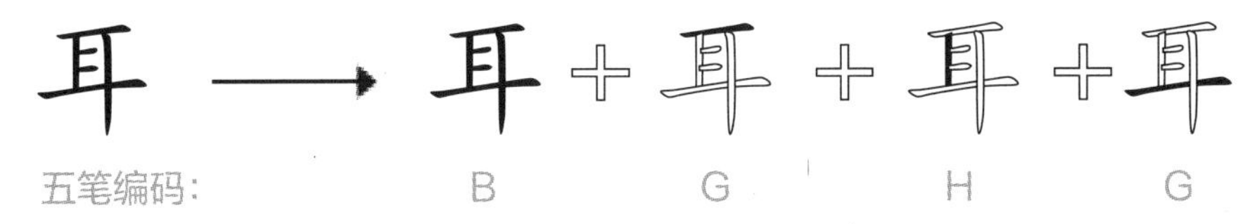

图5-7 录入成字字根汉字

3. 键外汉字录入规则

键外汉字是指没有包含在五笔字型字根表中，并且需要通过字根的组合才能录入的汉字。其录入规则为：根据字根拆分原则，将汉字拆分成基本字根后，依次录入对应的4个编码；其中前3码分别取汉字的前3个字根，第4码则取该汉字的最后一个字根；若拆分后不足4码，则需要添加末笔识别码。

键外汉字可划分为拆分不足4码的汉字、拆分满足4码的汉字、拆分超过4码的汉字3种情况，下面分别介绍其录入规则。

- **拆分不足4码的汉字**。“汁、轩、台、乞、玫”都是少于4个字根的汉字，下面以“油”字和“粉”字为例，对其进行拆分操作，如图5-8所示。

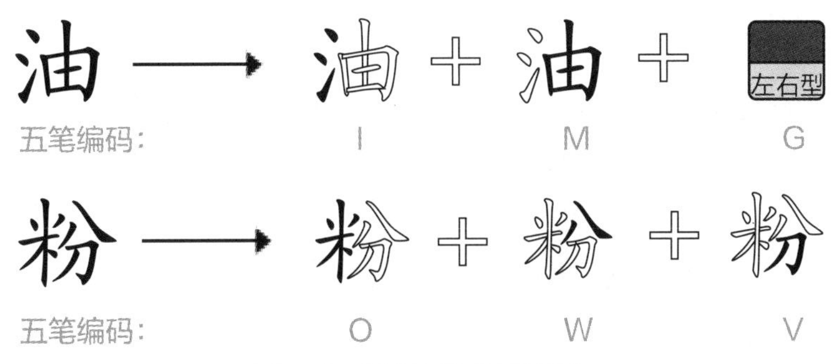

图5-8 拆分不足4码的汉字

- **拆分满足4码的汉字**。“贸、冷、捞、羁、薪”都是4个字根的汉字，下面以“离”字和“重”字为例，对其进行拆分操作，如图5-9所示。

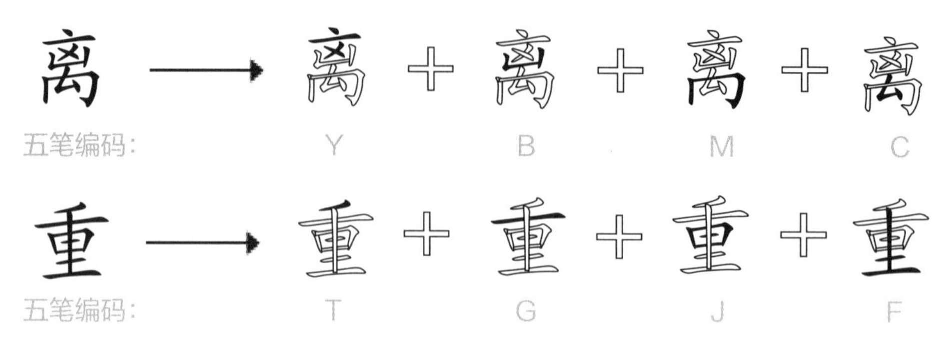

图5-9　拆分满足4码的汉字

- **拆分超过4码的汉字**。“馨、瞿、疆、貌、舞”都是多于4个字根的汉字，下面以“褪”字和“该”字为例，对其进行拆分操作，只取其前3个字根和最后一个字根，如图5-10所示。

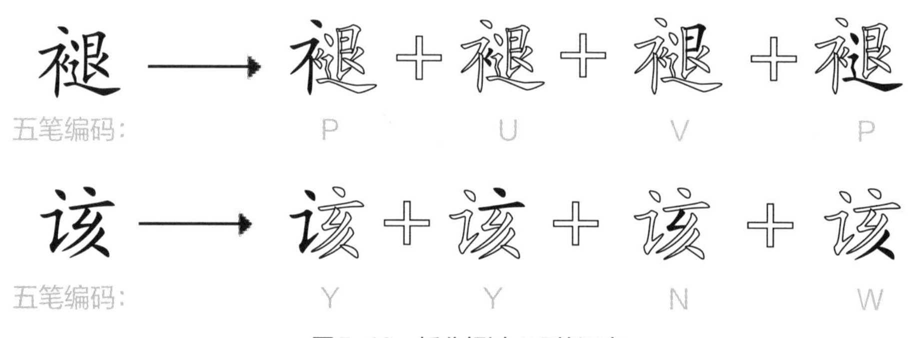

图5-10　拆分超过4码的汉字

任务实施

1. 录入带末笔识别码的汉字

在记事本中练习录入带末笔识别码的汉字“诩、类、去、邑、昔、固、逐、粉、曲、伦、肖”，在录入过程中要准确判断汉字的末笔笔画和字型结构，其具体操作如下。

① 启动记事本程序，按【Ctrl+Shift】组合键切换到“搜狗五笔输入法”。

② 录入“诩”字。由于该字不足4码，所以将其拆分为字根“讠”和“羽”。“诩”字的字型结构属于左右型，并且末笔笔画为“一”，因此对应末笔识别码为11，对应键位为【G】键。依次按两个字根和末笔识别码对应的【Y】【N】【G】键，如图5-11所示，再按【Space】键即可录入该汉字。

③ 录入“类”字。由于该字不足4码，所以将其拆分为字根“米”和“大”，“类”字

的字型结构属于上下型，并且末笔笔画为“丶”，所以对应末笔识别码为 42，对应键位为【U】键。依次按两个字根和末笔识别码对应的【O】【D】【U】键，如图 5-12 所示，再按【Space】键即可录入该汉字。

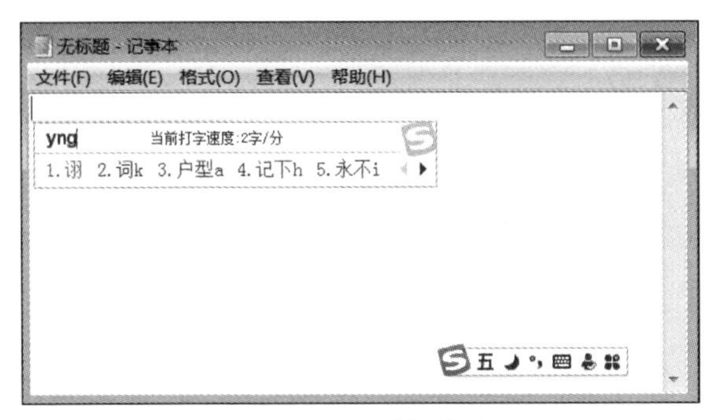

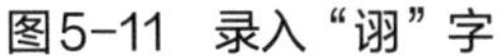
图5-11 录入“诩”字

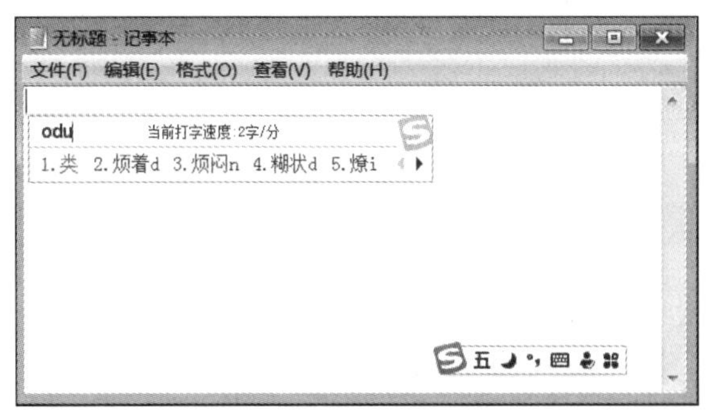

图5-12 录入“类”字

知识补充

末笔识别码是五笔输入法中较难掌握的知识点之一，要熟练掌握其判定方法，对于一些特殊字型应单独记忆。并不是所有汉字都要添加末笔识别码，如成字字根汉字的编码即使不足 4 码，也一律不加末笔识别码。

4 按照相同的操作方法，继续录入其他汉字。

微课视频
录入键名汉字和成字字根汉字

2. 录入键名汉字和成字字根汉字

在记事本程序中，先使用五笔字型输入法练习录入图 5-13 中第一行的键名汉字，然后录入第二行的成字字根汉字。成字字根常被用作某些汉字的偏旁，熟记这些字根可以快速进行字根的拆分操作。其具体操作如下。

无标题 - 记事本
文件(F) 编辑(E) 格式(O) 查看(V) 帮助(H)
土 大 月 人 金 工 火 水 口 田 又 已 山 之 白 禾 言 立 木 目 日 女 子 王
辛 小 古 九 竹 门 羽 刀 广 米 雨 巴 用 皿 止 戈 夕 川 早 石 手 车 上 七

图5-13 键名汉字和成字字根汉字

1 启动记事本程序，按【Ctrl+Shift】组合键切换到“搜狗五笔输入法”。

2 录入“土”字。由于该字位于一区的【F】键上，此时只需要连续按 4 次【F】键即可录入，如图 5-14 所示。按照相同的操作方法，录入其他的键名汉字。

3 录入“辛”字。由于该字位于捺区的【U】键上，因此先“报户口”按【U】键，又因为其首笔笔画为“捺”，所以按【Y】键；因为第二笔笔画为“横”，所以按【G】键；因为最后一笔笔画为“竖”，所以按【H】键，如图 5-15 所示。按照相同的操作方法，继续录入其他的成字字根汉字。

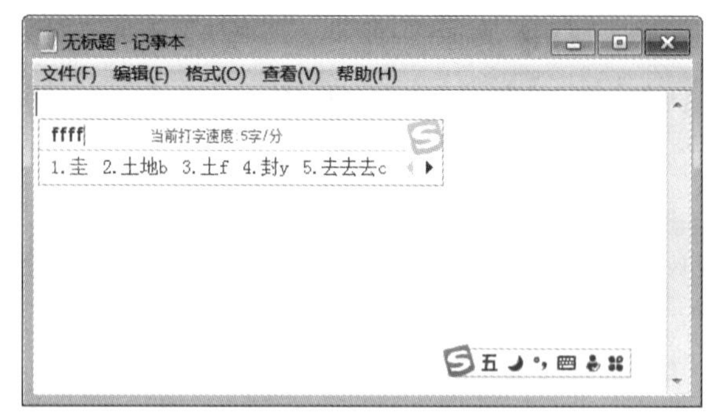

图5-14 录入“土”字

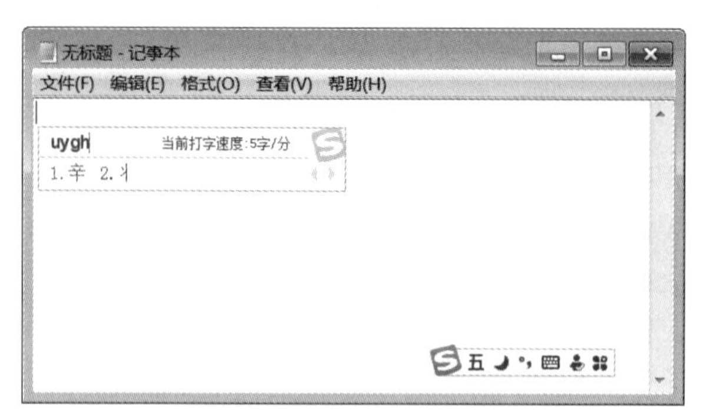

图5-15 录入“辛”字

3. 录入键外汉字

在记事本中练习录入键外汉字“砒、睦、替、廖、袜、辨、澳、果、需、计、东、友、所、误、娜、貌、警、型、灾、渠、世、鞋、多、思”，通过练习进一步巩固不同汉字的取码规则。其具体操作如下。

1 启动记事本程序，按【Ctrl+Shift】组合键切换到“搜狗五笔输入法”。

2 录入“砒”字。根据字根拆分原则中的“书写顺序”原则，将汉字拆分为3个字根，先按第一个字根“石”对应的【D】键，然后按第二个字根“𠃊”所在键位【X】键，再按第三个字根“匕”对应的【X】键，如图5-16所示。按【Space】键，即可录入该汉字。

3 录入“睦”字。根据“书写顺序”原则和满足4码汉字的录入规则，将该字拆分为字根“目”“土”“八”“土”，依次按这4个字根对应的【H】【F】【W】【W】键，如图5-17所示。在使用搜狗五笔输入法录入汉字时，将鼠标指针指向选字框中的汉字，可以显示其拼音和五笔编码。

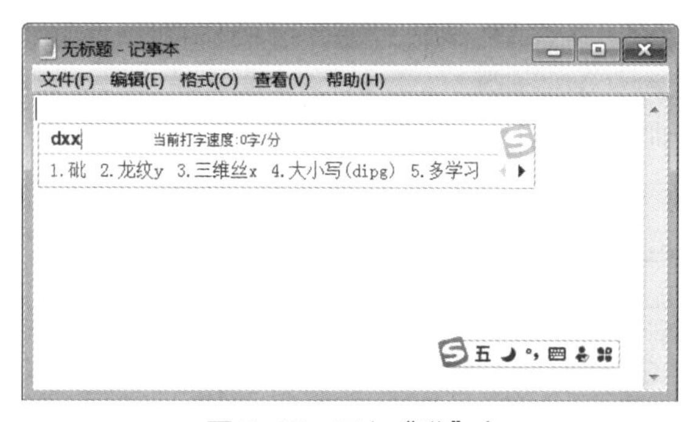

图5-16 录入“砒”字

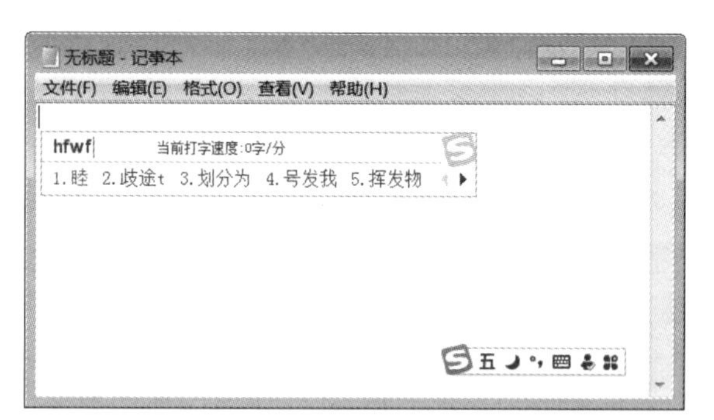

图5-17 录入“睦”字

4 录入汉字“替”。由于该字可拆分为4个以上的字根，根据超过4码汉字的录入规则，只取其前3个和最后一个字根，然后根据“书写顺序”原则，将其拆分为字根“二”“人”“二”“日”，依次按这4个字根对应的【F】【W】【F】【J】键，如图5-18所示。按照相同的方法录入剩余汉字。

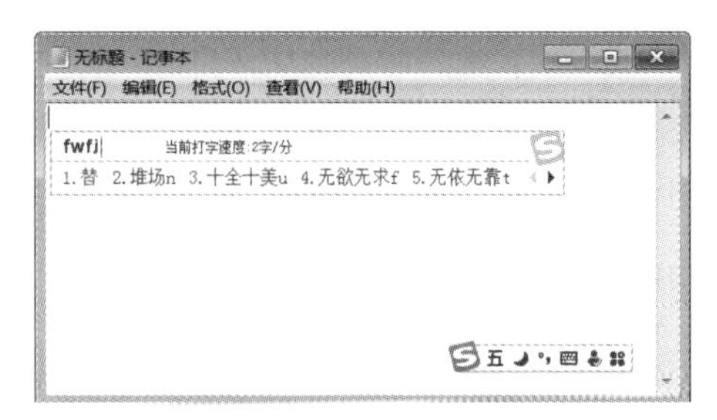

图5-18 录入“替”字

任务二 录入简码汉字和词组

在录入汉字的过程中，有些汉字只需录入第一码或前两码后，再按【Space】键即可将其录入，这种汉字被称为简码汉字，它们都是使用频率较高的汉字。简码汉字减少了按键次数，而且更加容易判定汉字的字根编码和末笔识别码。

任务目标

先学习简码汉字的录入规则，然后通过学习二字词组、三字词组、四字词组、多字词组及特殊词组的取码规则达到快速录入的目的。通过对本任务的学习，有助于熟练掌握简码汉字和词组的录入方法，对于一级和二级简码要熟练记忆。

相关知识

在五笔字型输入法中，简码汉字可分为一级简码、二级简码两大类。不同类型的词组，其录入规则也不相同。

1. 一级简码录入规则

在五笔字型字根的25个键位（【Z】键除外）上，每一个键位均对应一个使用频率较高的汉字，这个汉字被称为“一级简码”，如图5-19所示。录入一级简码的规则是：先按一下简码所在键位，再按【Space】键。例如，录入“我”字，应先按【Q】键，然后按【Space】键。

一级简码录入规则

图5-19 一级简码分布

为了便于记忆，可按区位将一级简码编成口诀：“一地在要工，上是中国同，和的有人我，主产不为这，民了发以经”。依照口诀反复练习，以便牢记简码。

2. 二级简码录入规则

二级简码是指只需录入前两个字根的编码的汉字，这样就减少了取其余编码或末笔识别码的按键次数。二级简码的录入规则是：先录入汉字前两个字根所在的编码，然后按【Space】键，如图 5-20 所示。

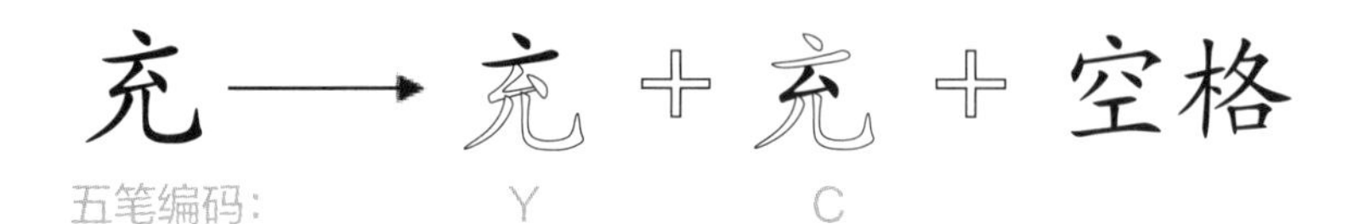

图5-20　录入二级简码汉字

86 版王码五笔字型的二级简码共有 625 个，表 5-2 中列出了每个键位上对应的二级简码，其中若出现空缺则表示该键位上没有对应的二级简码。

表5-2　二级简码表

	G F D S A 11 12 13 14 15	H J K L M 21 22 23 24 25	T R E W Q 31 32 33 34 35	Y U I O P 41 42 43 44 45	N B V C X 51 52 53 54 55
G11	五于天末开	下理事画现	玫珠表珍列	玉平不来	与屯妻到互
F12	二寺城霜载	直进吉协南	才垢圾夫无	坟增示赤过	志地雪支
D13	三夺大厅左	丰百右历面	帮原胡春克	太磁砂灰达	成顾肆友龙
S14	本村枯林械	相查可楞机	格析极检构	术样档杰棕	杨李要权楷
A15	七革基苛式	牙划或功贡	攻匠菜共区	芳燕东　芝	世节切芭药
H21	睛睦睚盯虎	止旧占卤贞	睡睥肯具餐	眩瞳步眯瞎	卢　眼皮此
J22	量时晨果虹	早昌蝇曙遇	昨蝗明蛤晚	景暗晃显晕	电最归紧昆
K23	呈叶顺呆呀	中虽吕另员	呼听吸只史	嘛啼吵噗喧	叫啊哪吧哟
L24	车轩因困轼	四辊加男轴	力斩胃办罗	罚较　辚边	思团轨轻累
M25	同财央朵曲	由则　崭册	几贩骨内风	凡赠峭赕迪	岂邮　凤嶷

续表

	G F D S A 11 12 13 14 15	H J K L M 21 22 23 24 25	T R E W Q 31 32 33 34 35	Y U I O P 41 42 43 44 45	N B V C X 51 52 53 54 55
T31	生行知条长	处得各务向	笔物秀答称	入科秒秋管	秘季委么第
R32	后持拓打找	年提扣押抽	手折扔失换	扩拉朱搂近	所报扫反批
E33	且肝须采肛	胩胆肿肋肌	用遥朋脸胸	及胶膛膦爰	甩服妥肥脂
W34	全会估休代	个介保佃仙	作伯仍人您	信们偿伙	亿他分公化
Q35	钱针然钉氏	外旬名甸负	儿铁角欠多	久匀乐炙锭	包凶争色
Y41	主计庆订度	让刘训为高	放诉衣认义	方说就变这	记离良充率
U42	闰半关亲并	站间部曾商	产瓣前闪交	六立冰普帝	决闻妆冯北
I43	汪法尖洒江	小浊澡渐没	少泊肖兴光	注洋水淡学	沁池当汉涨
O44	业灶类灯煤	粘烛炽烟灿	烽煌粗粉炮	米料炒炎迷	断籽娄烃糨
P45	定守害宁宽	寂审宫军宙	客宾家空宛	社实宵灾之	官字安 它
N51	怀导居 民	收慢避惭届	必怕 愉懈	心习悄屡忱	忆敢恨怪尼
B52	卫际承阿陈	耻阳职阵出	降孤阴队隐	防联孙联辽	也子限取陛
V53	姨寻姑杂毁	叟旭如舅妯	九 奶 婚	妨嫌录灵巡	刀好妇妈姆
C54	骊对参骠戏	骒台劝观	矣牟能难允	驻骈 驼	马邓艰双
X55	线结顷 红	引旨强细纲	张绵级给约	纺弱纱继综	纪弛绿经比

知识补充

录入二级简码表中的某个汉字时，先按该字所在行对应的字母键，再按它所在列对应的字母键。例如，录入“刀”字，应先按它所在行的【V】键，再按它所在列的【N】键。注意，市场上其他类型的五笔输入法的二级简码数量跟86版王码五码五笔字型的二级简码会有差异，但编码规则相同。

3. 词组录入规则

在五笔字型输入法中，除了可以录入简码汉字外，还可以录入词组。词组可以分为二字词组、三字词组、四字词组、多字词组及特殊词组等。

（1）二字词组录入

二字词组是指包含 2 个汉字的词组。二字词组的录入规则为：分别取第 1 个汉字和第 2 个汉字的前两码，如图 5-21 所示。

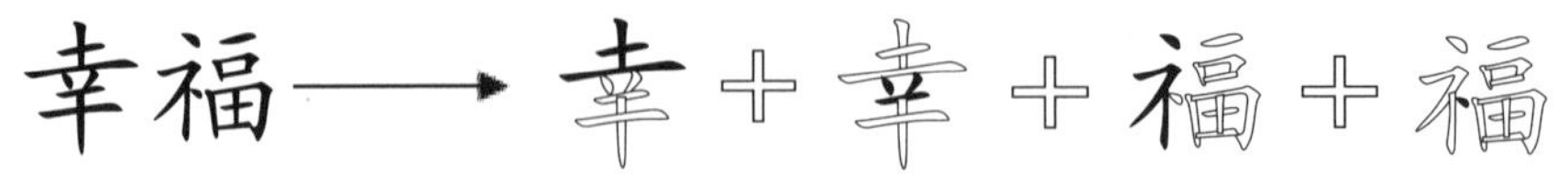

图5-21 录入二字词组

（2）三字词组录入

三字词组即包含 3 个汉字的词组。三字词组的录入规则为：第 1 个汉字的第 1 个字根 + 第 2 个汉字的第 1 个字根 + 最后一个汉字的第 1 个字根 + 最后一个汉字的第 2 个字根，如图 5-22 所示。

体温表——体+温+表+表

五笔编码: W I G E

图5-22 录入三字词组

使用五笔输入法只能录入大部分二字词组和三字词组，词库中未收录的词组就无法通过录入词组的方式录入，如三字词组“白茫茫”。当遇到这种情况时，可按照单字拆分方法录入。

（3）四字词组录入

日常工作或生活中常见的成语或四字俗语都属于四字词组。四字词组的录入规则为：第 1 个汉字的第 1 个字根 + 第 2 个汉字的第 1 个字根 + 第 3 个汉字的第 1 个字根 + 第 4 个汉字的第 1 个字根，如图 5-23 所示。

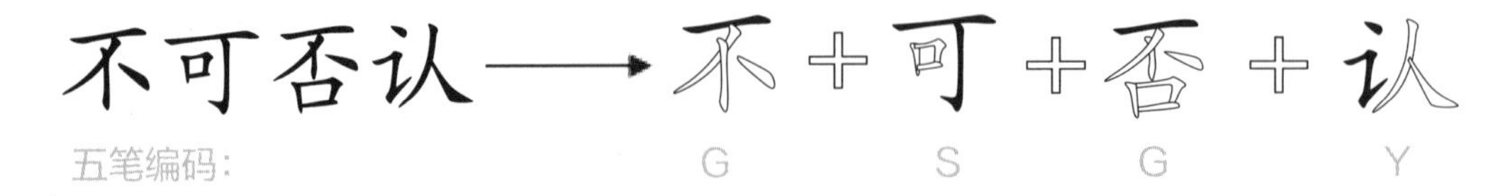

图5-23 录入四字词组

（4）多字词组录入

超过 4 个汉字的词组都属于多字词组，如“新闻发言人”“一切从实际出发”“有志者事竟成”等。录入这种词组同样也取 4 码。多字词组的录入规则为：第 1 个汉字的第 1 个字根 + 第 2 个汉字的第 1 个字根 + 第 3 个汉字的第 1 个字根 + 最后一个汉字的第 1 个字根，如图 5-24 所示。

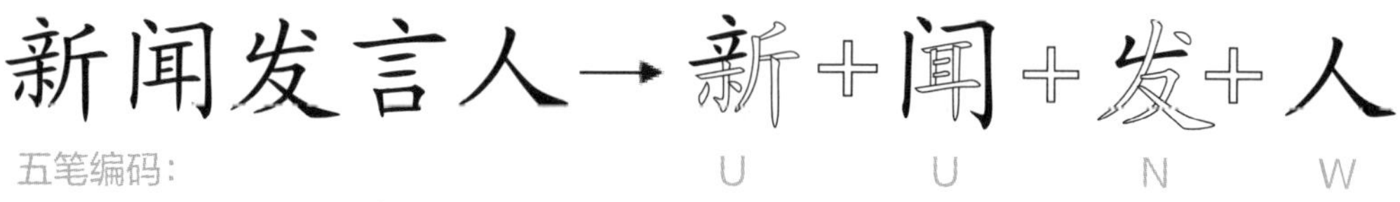

新闻发言人→新+闻+发+人

五笔编码：U U N W

图5-24 录入多字词组

虽然五笔字型输入法提供了多字词组的录入功能，但是因为五笔字型输入法中被添加到词库中的多字词组较少，所以除了较常用的语句外，很少使用多字词组录入功能。

（5）特殊词组录入

有些词组会掺杂一级简码、键名汉字、成字字根汉字，下面介绍这类特殊词组的录入规则。

- **词组中有一级简码**。若词组中的某个汉字本身就是一级简码，那么在录入时，就按单个汉字的拆分原则对一级简码进行拆分，如图 5-25 所示。

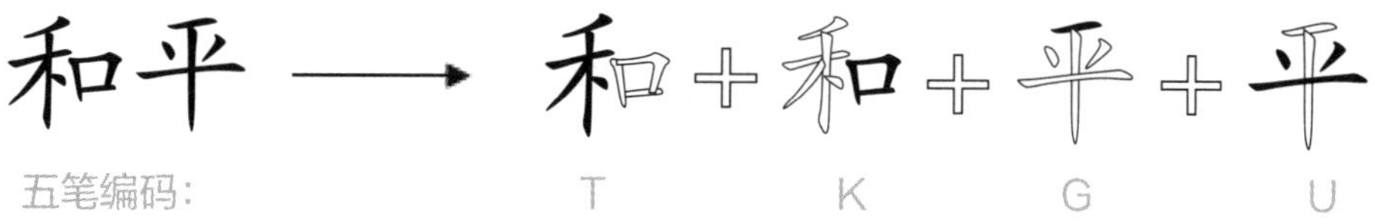

和平 → 和+和+平+平

五笔编码：T K G U

图5-25 录入含一级简码的词组

- **词组中有键名汉字**。若词组中的某个汉字本身就是键名汉字，在录入时该汉字的第 1 码和第 2 码均是键名字根所在键位，如图 5-26 所示。

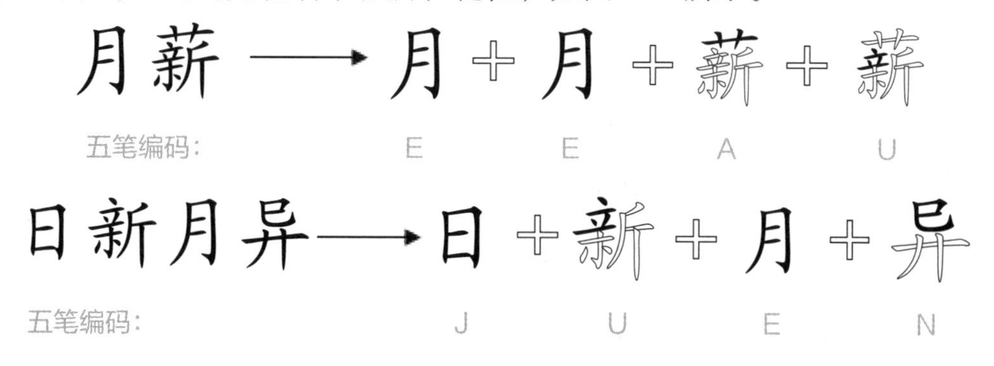

图5-26 录入含键名汉字的词组

- **词组中有成字字根汉字**。若词组中的某个汉字本身就是成字字根汉字，在录入时该汉字的第 1 个字根便是成字字根所在键位，第 2 个字根则是按书写顺序确定的第1笔所在键位，如图5-27所示。

图5-27　录入含成字字根汉字的词组

1. 录入简码汉字

利用金山打字通 2016 对一级简码和二级简码进行拆分练习，通过练习达到熟记一级简码和快速拆分二级简码的目的，其具体操作如下。

1 启动金山打字通 2016，在首页中单击“五笔打字”按钮。

2 进入“五笔打字”界面，单击“单字练习”按钮。

3 打开“单字练习”界面，在“课程选择”下拉列表框中选择“一级简码一区”选项，然后按【Ctrl+Shift】组合键切换到“搜狗五笔输入法”。录入“单字练习”界面上方显示的一级简码，如图 5-28 所示。

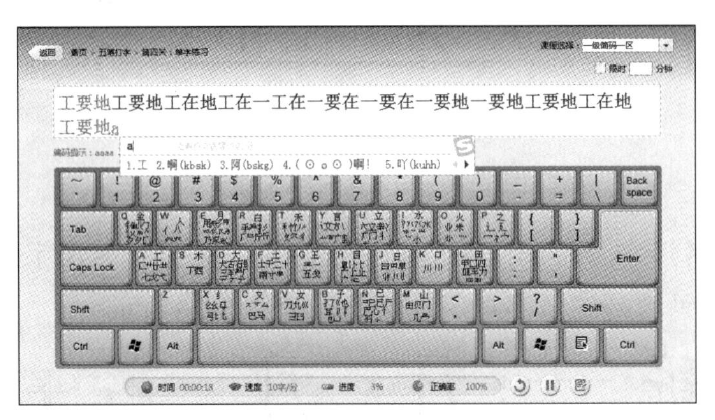

图5-28　简码汉字练习

4 每当录入完一行后，系统就会自动翻页，同时在界面底部显示相应的打字时间、速度、进度、正确率。

5 练习完“一级简码一区”课程后，用相同的方法练习剩下的一级简码课程，然后在“课程选择”下拉列表框中选择“二级简码 1”选项进行练习。

2. 录入词组

掌握词组的录入规则后，启动记事本程序，分别对图 5-29 所示的二字词组、三字词组、四字词组进行录入练习（注意，不同的五笔输入法收录的词库是不一样的，因此在实际录入中若不能按词组编码录入时，可按单字录入），其具体操作如下。

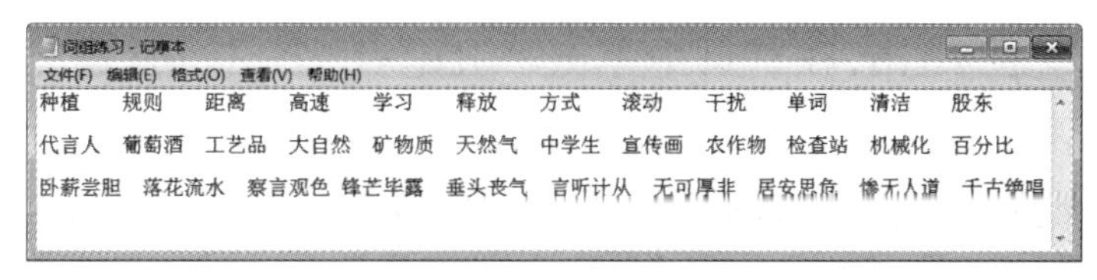

图5-29 词组练习

1 启动记事本程序后，按【Ctrl+Shift】组合键切换到"搜狗五笔输入法"或其他五笔输入法。

2 练习录入二字词组。在词组"种植"中,"种"的前两个字根为"禾"和"口","植"的前两个字根为"木"和"十"，依次按这4个字根对应的【T】【K】【S】【F】键即可录入，如图5-30所示。按照相同的方法，练习录入其他二字词组。

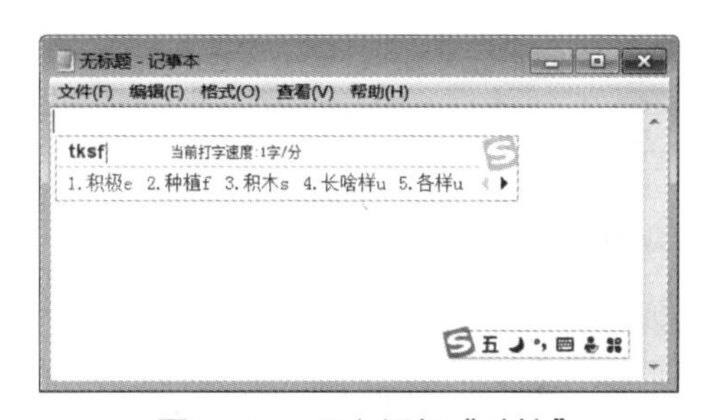

图5-30 录入词组"种植"

3 练习录入三字词组。词组"代言人"中第一个字"代"的第一个字根为"亻","言"字和"人"字为键名汉字，因此依次按字根对应的【W】【Y】【W】【W】键，再从选字框中选字录入。按照词组的拆分方法和取码规则，依次录入剩下的三字词组。

4 练习录入四字词组。词组"卧薪尝胆"中4个字的第一个字根分别为"匚""艹""⺌""月"，依次按这4个字根对应的【A】【A】【I】【E】键即可录入。按照四字词组录入规则，依次录入剩下的四字词组。

实训一 练习录入单字和词组

【实训要求】

在金山打字通2016中，对单字和词组进行录入练习，通过练习快速掌握不同单字和词组的录入规则，对于包含一级简码、键名汉字、成字字根汉字的词组的录入方法要特别注意。

微课视频

练习录入单字和词组

【实训思路】

本实训在"五笔打字"板块中进行录入练习，通过"单字练习"的过关测试，才能对词组进行练习，在练习词组时可根据自己的打字习惯选择相应的练习课程。

【步骤提示】

1 启动金山打字通 2016，在首页中单击“五笔打字”按钮，进入“五笔打字”界面，单击“单字练习”按钮。

2 打开“单字练习”界面，单击当前界面右下角的“测试模式”按钮，按【Ctrl+Shift】组合键切换到“搜狗五笔输入法”。

3 打开“单字练习过关测试”界面，如图 5-31 所示，要求录入速度必须达到 20 字 / 分钟，正确率达到 95%。

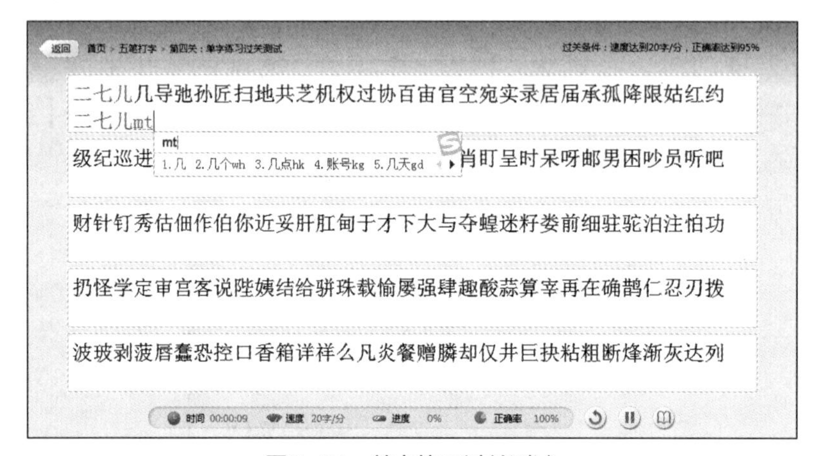

图5-31 单字练习过关测试

4 测试完成并达到规定条件后，系统将打开提示对话框，单击下一关按钮（或返回“五笔打字”界面后单击“词组练习”按钮），打开“词组练习”界面，在界面右上角的“课程选择”下拉列表框中选择“二字词组 1”选项进行练习。

5 练习完当前课程后，可继续选择三字词组、四字词组、多字词组等进行练习。

实训二 练习录入文章

【实训要求】

在金山打字通 2016 中练习录入文章，在练习的过程中要善于应用简码和词组的录入方法，以提高汉字的录入速度。

微课视频

练习录入文章

【实训思路】

本实训在“五笔打字”板块的“文章练习”界面中进行录入练习，当遇到需要录入主键盘区中的上档字符时，尽量按标准的键位指法按键，然后让手指快速回归基准键位，为下一次的按键操作做准备。

【步骤提示】

1 启动金山打字通 2016，在首页中单击“五笔打字”按钮。

2 打开“五笔打字”界面后，单击“文章练习”按钮，按【Ctrl+Shift】组合键切换到“搜狗五笔输入法”。

3 在“课程选择”下拉列表框中选择练习的文章，这里选择“金色花”选项，此时录入界面中的文章内容如图 5-32 所示。练习完该课程后，还可以继续练习金山打字通 2016 提供的其他文章。

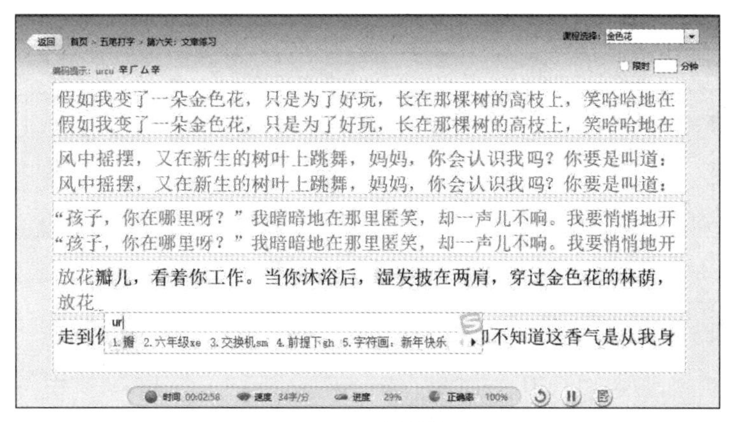

图5-32 文章练习

课后练习

（1）指出下列汉字的末笔识别码，并将其对应键位填写在后面的括号中。

例如：血（一）（G）。

从（ ）（ ） 余（ ）（ ） 组（ ）（ ） 艾（ ）（ ） 达（ ）（ ）

等（ ）（ ） 急（ ）（ ） 包（ ）（ ） 直（ ）（ ） 生（ ）（ ）

左（ ）（ ） 性（ ）（ ） 卡（ ）（ ） 邑（ ）（ ） 快（ ）（ ）

所（ ）（ ） 长（ ）（ ） 司（ ）（ ） 机（ ）（ ） 申（ ）（ ）

（2）写出下列键名汉字、成字字根汉字、单笔画汉字的五笔编码，并将它们录入记事本程序中。

匕 十 日 上 八 火 七 小 尸 之

人 雨 目 言 耳 川 竹 金 心 车

古 乙 丁 米 马 门 贝 羽 石 弓

丿 大 皿 丨 巴 田 由 也 卜 幺

丶 王 石 巴 刀 儿 山 用 竹 孑

（3）启动记事本程序，练习录入拆分满足 4 码的汉字、拆分不足 4 码的汉字、拆分超过 4 码的汉字。当遇到需要添加末笔识别码的汉字时，要认真分析其字型结构和末笔笔画。

- **左右型**。

炳 峡 摸 故 例 把 俩 融 陕 误 胚
搜 侠 鞋 晓 期 假 掉 则 括 码 私
胡 髓 防 妇 仰 吧 她 朽 妒 拦 计
短 切 汉 姓 明 输 垃 松 吓 付 格

- **上下型**。

壳 亩 爸 黑 企 旱 邑 丽 尚 忍 杀
蕊 塞 余 灭 思 忌 卡 弄 忘 荒 盟
落 器 哭 雷 志 皇 春 学 零 孕 父
要 峁 玄 艾 弄 型 青 字 宋 愁 基

- **杂合型**。

飞 曳 未 甘 乡 万 屎 君 卜 井 血
凹 刁 自 尺 申 央 应 头 州 里 巾
匀 丹 区 连 刃 圆 尻 斗 闲 成 戊
国 斗 建 凸 图 牛 曲 可 瓦 勾 越

（4）启动记事本程序，使用五笔字型输入法练习录入下面的二字词组、三字词组、四字词组。注意包含键名汉字、成字字根汉字和一级简码的词组的取码规则。

- **二字词组**。

排球 否认 坎坷 悲伤 足球 经济 故事 弟弟 爆发
队伍 加班 笔记 背后 档案 夏天 机智 风暴 眼泪
爸爸 帮助 疼痛 灿烂 快乐 灯光 血液 宾馆 表达
沟通 冒充 躲藏 歌曲 侮辱 迅速 合资 路灯 演练

- **三字词组**。

颈动脉 实习生 领导者 服务台 办公室 自治区 闭幕式
形象化 招待所 自动化 圣诞节 奥运会 少数派 笔记本
编辑部 出版社 体育系 马铃薯 小分队 猪八戒 温度计
助学金 金字塔 信用卡 爆炸性 跑买卖 展销会 大踏步

- **四字词组**。

轻描淡写 光怪陆离 炎黄子孙 体力劳动 以权谋私 生龙活虎

形影不离　　自食其果　　斩草除根　　水天一色　　企业管理　　绞尽脑汁

（5）通过金山打字通 2016 进行五笔打字测试，完成后查看测试结果。在测试过程中要充分利用简码和词组的录入规则，以提高打字速度。图 5-33 所示为测试界面。

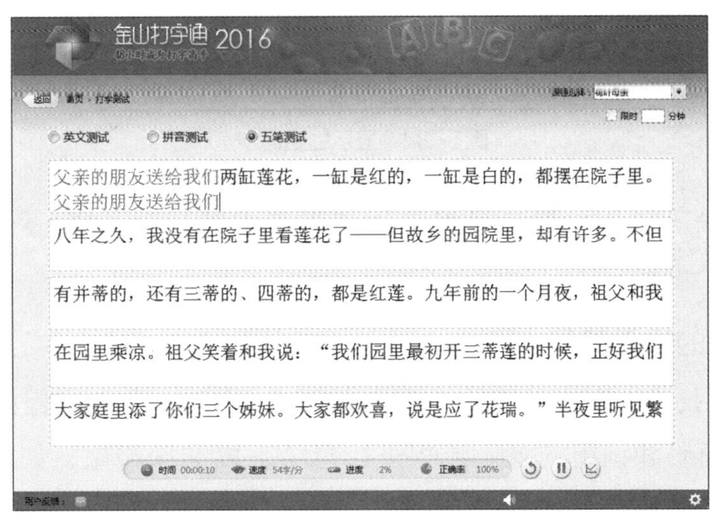

图5-33　五笔打字测试

1. 在五笔字型输入法中以录入全码的方式录入简码

简码录入只是省略了常用汉字编码的后一两个编码，从而减少按键次数，提高打字速度。例如“要”字，它属于一级简码，只需按【S】键即可录入；如果要以全码录入，则需要按【S】【V】【F】3 个键。

2. 汉字“冉”的录入方法

根据“书写顺序”和“取大优先”原则，“冉”字应拆分为“冂”和“土”两个字根，其中“冂”字根在【M】键上。但是，按下对应【M】键和【F】键后还是无法录入该字，此时就需要添加末笔识别码。由于“冉”字为杂合型且末笔笔画位于键盘的 1 区，因此该字的末笔识别码为 13，对应键盘中的【D】键，按【M【F】【D】【Space】键即可录入“冉”字。

3. 重码字的录入

使用五笔字型输入法时，有时录入编码后，在选字框中会显示几个不同的字，这时需要再进行一次选择才能录入所需汉字。这几个具有相同编码的汉字被称为“重码字”。如按【V】【T】【K】【D】键后，选字框中显示“群”字和“君”字的录入编码是一样的，如图 5-34 所示。这便是五笔字型中的“重码”现象。

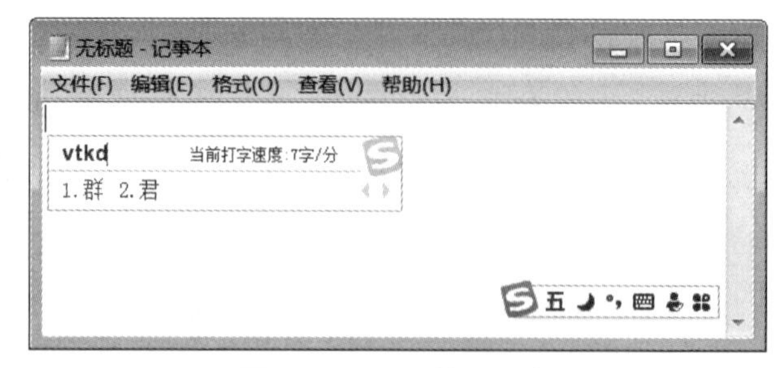

图5-34 显示的重码字

在有重码字的选字框中，通常将最常用的重码字放在第一位，只需直接按【Space】键或按汉字对应的数字键，便可录入该汉字。

4. 简码和词组的录入流程

通过前面的学习，读者对于各种类型的简码和词组的录入流程已经有了大致了解。下面以图的形式对简码和词组的录入流程进行总结，以加深印象，如图5-35所示。

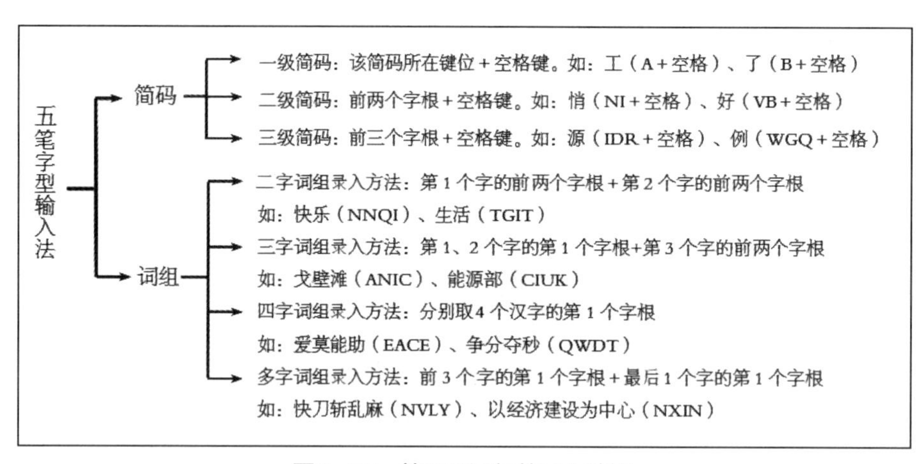

图5-35 简码和词组的录入流程

项目六

高效文字录入方式

情景导入

米拉：老洪，最近我叔叔让我教他用QQ聊天，可是他只会写字，不会拼音，五 笔字根又记不住，你说我该怎么办？

老洪：那还不简单，用手写录入呀，对于长辈来说，使用手写录入比拼音和五笔录 入更为高效。

米拉：太好了，我怎么没有想到。

老洪：米拉，这段时间你的录入水平如何？

米拉：几种常用的输入法已经完全掌握了，可是打字速度还有待提高。

老洪：这是正常的，工作中一定要多练习，那我给你讲解一下速录的知识吧，希望对你以后的工作会有所帮助。

米拉：太好了，那就赶快开始吧。

学习目标

- 掌握使用鼠标录入文字的方法
- 掌握使用数位板录入文字的方法
- 掌握使用语音录入文字的方法
- 掌握通过听打录入文章的方法
- 掌握速录的知识

技能目标

- 能够使用鼠标、数位板、语音录入工具录入文章
- 能够通过听打录入中文文章
- 能够速录《会议记录》文档

任务一　通过手写录入文字

对于某些人群，如中老年人，他们可能没有学过拼音或五笔，因此学习这些输入法时需要一个很长的过程。在不追求速度的情况下，手写录入可能比其他录入方法更合适、更高效。

任务目标

本任务介绍如何在外部设备上通过手写录入文字。在练习录入操作前，要掌握使用鼠标和数位板的技巧。本任务的学习，有助于熟练掌握使用鼠标和数位板录入文字的方法。

相关知识

手写录入文字的原理是运用手写识别技术，通过鼠标、手写板或数位板等设备来代替键盘，从而实现文字录入。下面具体介绍相关基础知识，为后面的录入做好准备。

1. 手写识别

手写识别是指将在手写设备上书写时产生的有序轨迹信息转化为汉字内码的过程，实际上是手写轨迹的坐标序列到汉字内码的一个映射过程，是人机交互自然、方便的手段之一。随着智能手机、智能电视、平板电脑等设备的普及，手写识别技术也进入了新的时代。手写识别使用户能够按照贴近生活的录入方式进行文字录入，易学易用，可代替在键盘上的操作。可用于手写录入的设备有许多种，如鼠标、手写板、数位板、触摸屏、触控板、超声波笔等。

2. 手写板和数位板的使用窍门

手写板和数位板是计算机常用的录入设备之一，通常由一块板子和一支压感笔组成，相当于用键盘或鼠标在计算机中录入文字。手写板和数位板等作为非常规的录入产品，其针对特定的使用人群。与数位板不同的是，手写板主要用于录入文字，它没有数位板的压感和坐标定位功能，分辨率也比不上数位板。

不同厂商生产的产品所使用的识别系统有所不同，但基本的规则大同小异。虽然识别系统的识别率都很高，但规范书写能让录入效率更高，因此在使用过程中还应注意以下几点。

- 养成正确的坐姿和书写习惯。
- 书写时注意手眼协调，眼睛看屏幕的同时用手在手写板或数位板上书写。

- 笔必须与板接触，落笔后立即开始书写，在书写过程中不要中断。
- 在书写过程中尽量按正确的笔画顺序写，这样汉字的识别率会更高。
- 注意书写规范，确保字符垂直不倾斜，字符之间要留有间距。
- 多使用软件提供的联想词、同音字功能，这样能提高录入速度。

任务实施

1. 使用鼠标录入文字

使用鼠标进行手写录入，就必须借助相应的辅助程序。下面以搜狗拼音输入法自带的手写录入功能为例，在记事本中录入一段名言，如图 6-1 所示，其具体操作如下。

图6-1 录入名言警句

❶ 启动记事本程序，按【Ctrl+Shift】组合键切换到“搜狗拼音输入法”。

❷ 右击搜狗拼音输入法状态条，在弹出的快捷菜单中选择“更多”命令，在打开的对话框中单击“手写输入”按钮，如图 6-2 所示。

❸ 自动安装后打开“手写输入”对话框，程序默认录入中文。先录入“天”字。将鼠标指针移动到“手写输入”对话框中间的米字框中，鼠标指针变成✎形状，然后在米字框的左上框中按住鼠标左键不放，横向拖曳鼠标至右上框，释放鼠标，如图 6-3 所示。在录入的过程中鼠标指针会留下一条轨迹，同时，对话框右侧的选字框中会根据轨迹推测录入的汉字并同步更新。

图6-2 打开手写录入程序

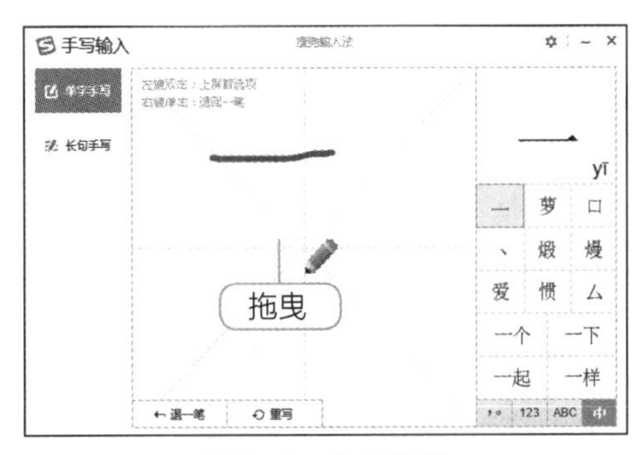

图6-3 拖曳鼠标

❹ 按照相同的操作方法在米字框中写完剩下的笔画。完成后，“手写输入”对话框

右侧的选字框中间的第 1 个小框会显示和书写最接近的汉字。将鼠标指针移动到这些小框中，鼠标指针变成形状，上面的大框就会清晰地显示出当前选中的字及其读音，而下面的框中则会显示根据这些字组成的常用的词组。这里单击天，如图 6-4 所示。

5 在记事本中录入“天”字，如图 6-5 所示。

图6-4　单击“天”字

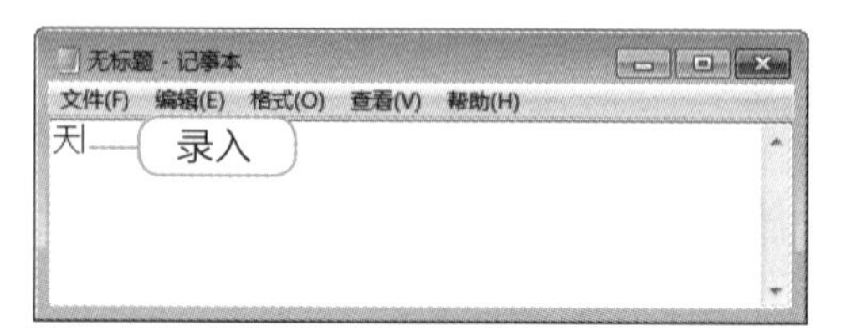

图6-5　录入“天”字

6 按照相同的操作方法，继续录入“才是”。接着录入数字“1”，单击“手写输入”对话框右下角的123按钮，左边的米字框中将显示阿拉伯数字、汉字小写数字、汉字大写数字 3 种数字，这里单击数字1，如图 6-6 所示。

7 单击“手写输入”对话框右下角的·。按钮，左边的米字框中将显示标点符号和一些特殊的符号，这里单击符号/，录入符号“/”，如图 6-7 所示。

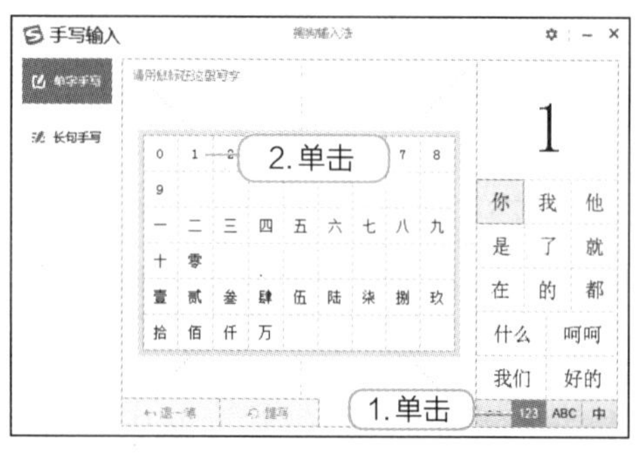

图6-6　录入数字“1”

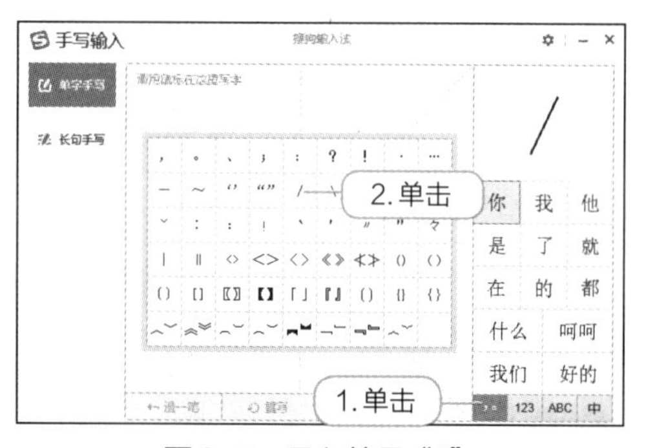

图6-7　录入符号“/”

8 按照相同的操作方法，继续录入“100 的灵感，加 99/100 的勤奋。——”。单击“手写输入”对话框右下角的ABC按钮，左边的米字框中将显示 26 个英文字母的大小写，这里先单击字母T，然后依次录入剩下的英文字母“homas Alva Edison”。

2．使用数位板录入文字

每种手写板或数位板都有其独立的驱动程序，一般连接上设备后，驱动程序就会自动启动，安装好后，程序图标会显示（或隐藏）在桌面上。下面使用 Wacom Bamboo 数位板在写字板中录入图 6-8 所示的请假条，其具体操作如下。

微课视频

使用数位板录入文字

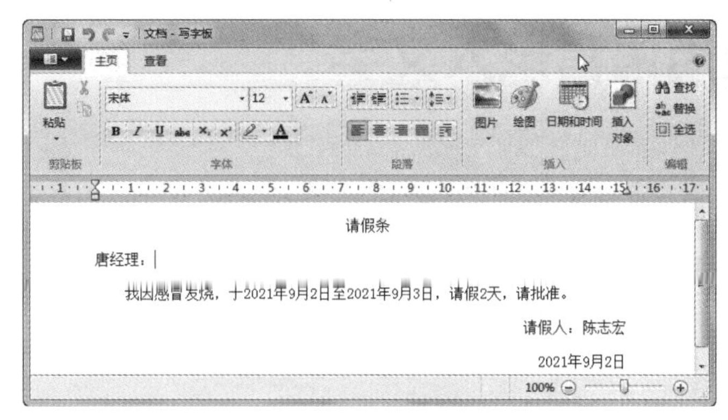

图6-8 请假条

❶ 连接数位板和计算机后，将压感笔靠近数位板，此时屏幕右侧会显示被隐藏的"Tablet PC 录入面板"，即 Windows 7 操作系统自带的录入程序。

❷ 使用压感笔控制鼠标指针，用压感笔轻击数位板可执行单击操作，然后选择【开始】/【所有程序】/【附件】/【写字板】菜单命令，启动"写字板"程序。

❸ 将压感笔靠近数位板，此时写字板中的鼠标指针下方会出现一个"Tablet PC 录入面板"的快捷按钮，单击该按钮，隐藏的 Tablet PC 录入面板将显示在桌面上，如图 6-9 所示。

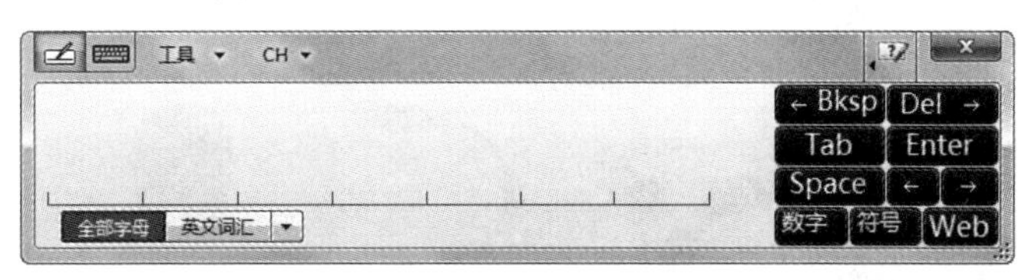

图6-9 Tablet PC录入面板

❹ 在【主页】/【段落】组中单击"居中"按钮，打开 Tablet PC 录入面板，在数位板上书写"请""假""条"3 个字，书写过程和轨迹会同步显示在面板的书写区域，注意字体不要超过下面的线段限制的区域，录入完成后单击插入按钮即可将"请假条"文本录入写字板中，如图 6-10 所示。

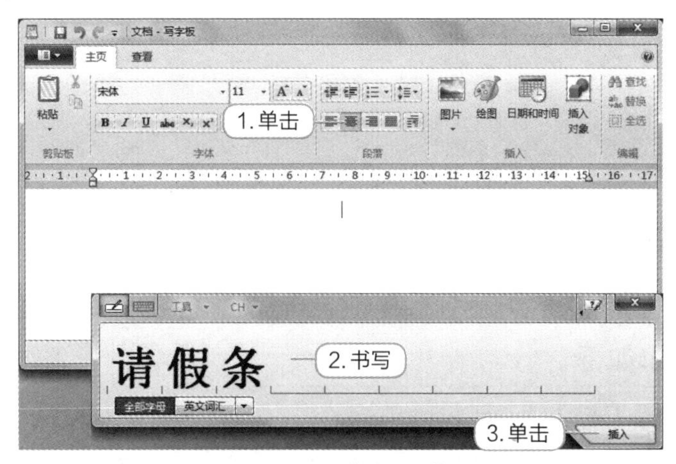

图6-10 录入"请假条"文本

❺ 单击面板上的Enter按钮换行，然后按照相同的方法继续录入相应的文本。

任务二 使用语音录入文字

学习了手写录入文字的方法后，在遇到结构较为复杂的汉字时，可以使用语音协助录入，达到事半功倍的效果。

任务目标

本任务先介绍语音录入所使用的工具，然后介绍语音录入软件的使用方法。通过对本任务的学习，有助于熟练掌握使用语音录入文字的方法。

相关知识

语音录入是指将操作者的声音通过计算机识别成汉字进行录入，主要使用的工具是与计算机相连的麦克风。麦克风又称话筒或传声器，是将声音信号转换为电信号的能量转换器件，常见的麦克风如图 6-11 所示。

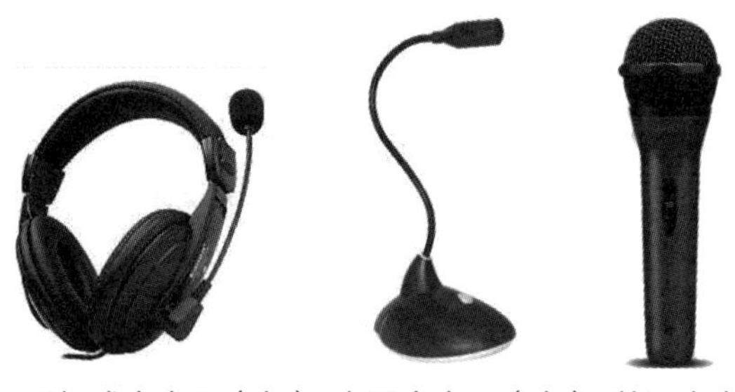

图6-11　耳机式麦克风（左），桌面麦克风（中），普通麦克风（右）

语音录入是比较简便、比较容易使用的录入方式。在使用语音录入时，建议操作者以词组的方式录入，因为汉语的同音字很多，但同音词较少。

任务实施

1. 设置麦克风并学习语音教程

在使用操作系统自带的语音识别系统前，先通过系统自带的语音教程学习基本的命令和听写，其具体操作如下。

微课视频

设置麦克风并学习语音教程

① 选择【开始】/【控制面板】菜单命令，在打开的窗口中单击“语音识别”图标，打开“语音识别”窗口。单击“设置麦克风”超链接，如图 6-12 所示。

2 打开“麦克风设置向导”对话框，选择当前麦克风类型，这里选择“耳机式麦克风”单选项，单击下一步(N)按钮，按照对话框中提示的方法调整麦克风的位置，然后单击下一步(N)按钮。

3 按照对话框中的提示朗读语句，测试麦克风能否正常录入声音信号，测试完成后单击下一步(N)按钮，如图 6-13 所示。当对话框中提示“现在已设置好您的麦克风”，即可单击完成(F)按钮，返回“语音识别”窗口。

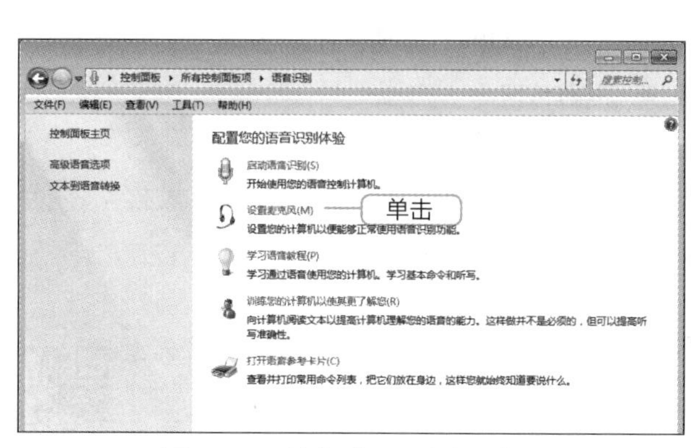

图6-12 单击“设置麦克风”超链接

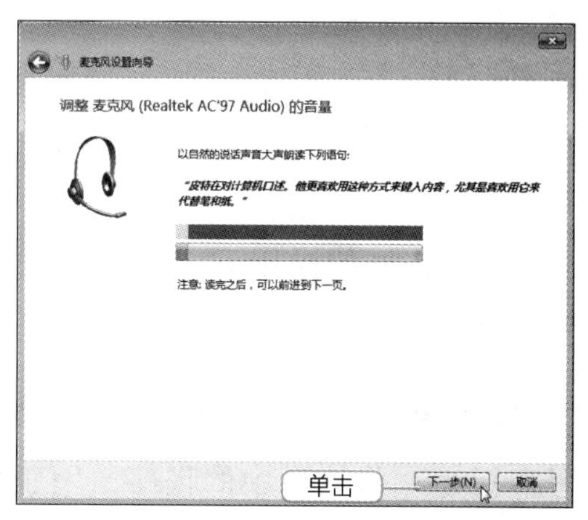

图6-13 按照提示调整麦克风的音量

4 单击“学习语音教程”超链接，打开“语音识别教程”窗口，然后单击下方的基础(B)按钮，进入基础课程。

5 根据窗口右上角的提示信息，依次单击下一步(N)按钮，完成基础操作的练习。其中部分步骤需要根据提示信息朗读下方的蓝色字，当语音识别界面识别了操作者发出的正确命令后，才会显示下一步(N)按钮，如图 6-14 所示。如果只需要了解操作方法，可以单击菜单按钮上方的步骤按钮切换练习。

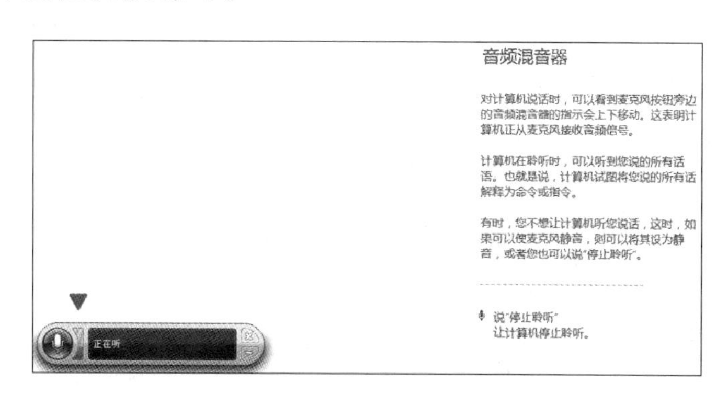

图6-14 基础操作练习

6 完成基础课程的“摘要”练习后，单击显示的下一步(N)按钮或单击下方的听写(D)按钮，进入听写课程。

7 听写课程与基础课程的操作基本相同，不同的是，操作者使用麦克风朗读字体颜色为蓝色的语句后，系统将会把识别到的语句信息录入“写字板”程序中，如图 6-15 所示。

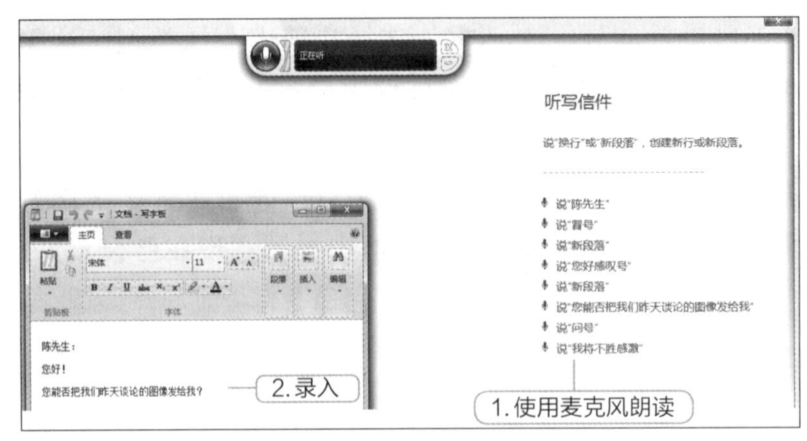

图6-15　听写操作练习

8 按照相同的操作方法，继续学习“命令”和“使用 Windows”课程。完成后单击 按钮退出程序。

2. 使用语音录入软件在写字板中录入文字

写字板是“附件”中的程序，用于创建、编辑、格式化、浏览文档，其功能比只能查看或编辑文本文件（.txt）的记事本强大，支持对象链接与嵌入技术，可插入图片、声音、视频等多媒体资料。下面通过操作系统自带的语音录音软件打开“写字板”程序，在其中录入一则工作技巧，如图 6-16 所示，其具体操作如下。

1 选择【开始】/【控制面板】菜单命令，在打开的窗口中单击“语音识别”图标 ，打开“语音识别”窗口。在其中单击“启动语音识别”超链接，根据向导设置并打开“语音识别”界面。

2 单击 按钮，打开 Windows 语音识别聆听模式，当界面显示“正在聆听”时，就表示可以使用语音识别系统控制计算机了，如图 6-17 所示。

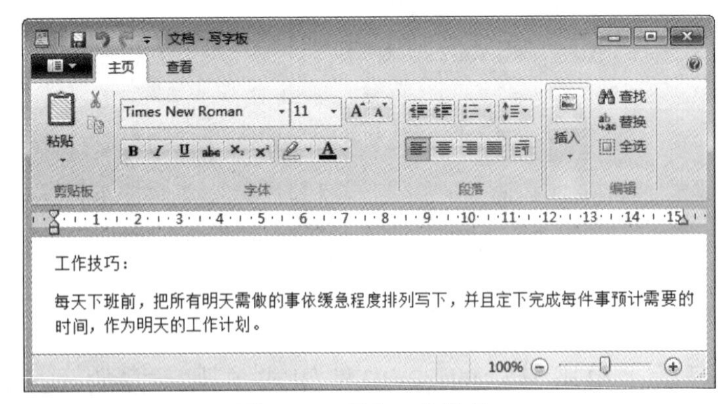

图6-16　录入工作技巧

图6-17　开启聆听模式

3 依次说出“开始”“所有程序”“附件”“写字板”，即可启动“写字板”程序。

4 录入“工作技巧：”文本。依次说出“工作技巧”“冒号”“新段落”即可，如图 6-18 所示。

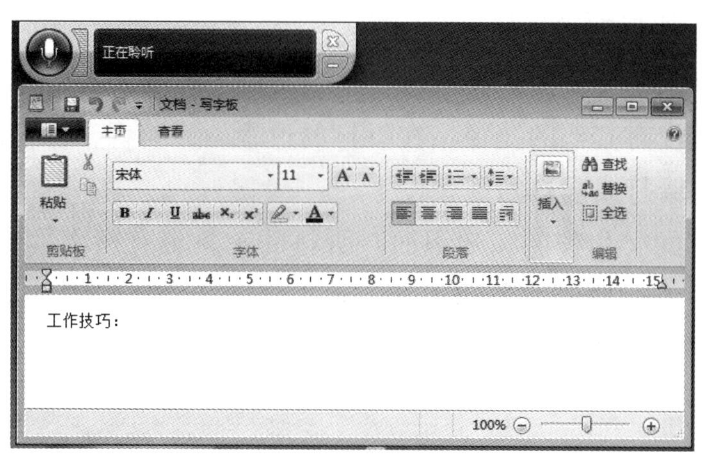

图6-18 录入文本

5 按照相同的操作方法，依次说出“每天下班前”“逗号”“把所有明天需做的事依缓急程度排列写下”“逗号”“并且定下完成每件事预计需要的时间”“逗号”“作为明天的工作计划”“句号”，完成后说出“停止聆听”结束语音录入。

任务三 听打录入中英文文章

听打是一种特殊的录入方法，先听音、后按键，属于追打，是一种被动录入的方法。只有当录入速度与准确率达到一定程度，并经过针对性训练，才能准确地边听边录入。

任务目标

本任务要求纯熟的指法和高度集中的注意力，通过增加英文和中文的词汇量，保证听打录入的速度和准确性。通过对本任务的学习，有助于熟练掌握听打录入中英文的技能。

相关知识

听打操作要求做到“三句合一”，即耳朵听一句，头脑记一句，手上打一句。这可以锻炼耳朵听音的准确性、心理的稳定性、大脑的记忆能力，而且要将三者有机地结合起来，就需要反复、不断地进行听打练习。保证计算机中英文听打录入质量的注意事项有以下几点。

- 保持正确的录入姿势和录入指法。
- 心要静，注意力要集中，忌急躁。

- 拓展知识面，努力钻研业务知识，熟悉专业词汇，提高录入的准确率。
- 尽量将听到的语言信息记录完整，录入中文时，遇到陌生的字或词可先用同音的字或词代替，待后期进行校对和修改。

指法不纯熟，录入速度就慢，甚至会发生错打现象。要想保证录入的速度和准确性，除了苦练基本功外，没有其他的捷径。在听打的过程中，要保证注意力集中，心不外用，排除杂念，才能避免错打或漏打的现象发生。

另外，录入人员的文化程度和知识面对听打的效果也有很大的影响。录入人员对中英文的熟悉程度、对本行业的业务知识和专业术语的熟悉程度、知识面的广阔程度，都会影响听打的最后结果。只有拥有扎实的基础，才能逐步提高听打技能。

任务实施

1. 通过听打录入英文文章

下面对图 6-19 所示的英文文章进行听打训练，熟悉英文中的连读等音节变化，以便更好地适应现场工作的需要。

Bootcamp for Geniuses

Before you can don the blue shirt and go to work with the job title of "Genius" every business day of your life, you have to complete a rigorously regimented, intricately scheduled training program. Over 14 days you will pass through programs like "Using Diagnostic Services ", "Component Isolation ", and "The Power of Empathy". If one of those things doesn't sound like the other, you're right—and welcome to the very core of Apple Genius training: a swirling alloy of technical skills and sentiments straight from a self-help seminar.

The point of this bootcamp is to fill you up with Genius Actions and Characteristics, listed conveniently on a "What" and "How" list on page seven of the manual. What does a Genius do? Educates. How? "Gracefully." He also "Takes Ownership", "Empathetically ", "Recommends" "Persuasively ", and "Gets to 'Yes'", "Respectfully." The basic idea here, despite all the verbiage, is simple: Become strong while appearing compassionate; persuade while seeming passive, and empathize your way to a sale.

No need to mince words: This is psychological training. There's no doubt the typical trip to the Apple store is on another echelon compared to big box retail torture; Apple's staff is bar none the most helpful and knowledgable of any large retail operation. A fundamental part of their job—sans sales quotas of any kind—is simply to make you happy. But you're not at a spa. You're at a store, where things are bought and sold. Your happiness is just a means to the cash register, and the manual reminds trainees of that: "Everyone in the Apple Store is in the business of selling." Period.

图6-19 英文文章

2. 通过听打录入中文文章

由于汉字是衍形表意文字，因此有时会出现字形、字音、字义三者之间的矛盾，这些矛盾交错发展，形成了一字多形、多音、多义和多字同形、同音、同义的现象。在进行中文听打录入时，对于容易出错的形似而义不同或音似而义不同的汉字，必须辨别清楚，以提高录入的正确率。下面对图 6-20 所示的中文文章进行听打录入训练，练习提高准确率和反应速度。

××的价值

在很多人看来，××并不是一家“好公司”。它的产品设计中庸，外观平实，除了价格和质量上的相对优势，实在找不到什么亮点。它没有有些公司那样的创新性产品和精神，而且，它似乎也志不在此，安于充当“收购者”的角色，乐此不疲地捡起那些“创新者”丢掉的亏损业务。

按照常规的理解，这似乎是一家缺乏开创精神的企业，在市场竞争中安于本分，每当行业萧条的时候，收购一些强势竞争者抛弃的资产，看起来似乎也没有什么战略远见。

衡量一家公司优劣的标准是多维度的，并且因立场和视角的不同而存在差异。股东看重资产规模，投资者在意资本回报率，消费者则希望获得物有所值的产品或服务，员工关心薪酬福利，而社会则更关心它能够提供的就业岗位、创造的工作机会。可见，不同的立场和视角会生成不同的评价，这些声音共同影响着公司的声誉和形象。

然而，股东、投资者、消费者、员工、社会……这些看似不同的立场所提出的诉求背后，则是价值的统一。作为一家公司，“赚钱的能力”“持续赚钱的能力”，以及“增长的潜力”才是其核心价值所在。如果脱离这些，它必然无法存活于市场，如此一来，何谈创新，何谈社会责任？

××公司到今年成立已有30多年。对于一家公司而言，30多年的时间，不能算短。面对激烈残酷的市场竞争，这家公司不但活了下来，而且积极地兼并全球资产，从一家成立于中关村的区域性公司，到今天在世界范围开展业务，参与全球市场竞争的国际化公司，成长速度不可谓不迅猛。

应该认识到一点：在多年的市场竞争当中，××公司找到了自己的生存之道和成功路径，受益于此的同时，也会受制于它自己的历史和成功经验。而一家公司的成长，则是自身历史延伸和市场因素催化的共同结果。××公司的公司基因，以及组织结构和人力资源储备，从根本上决定了其硬件制造商的市场定位更安全，运营管理上更为可靠有效，竞争中也可以处于相对优势。而全球市场及产业环境的变动，则从外部为其提供了各种可能的收购机会。对其他个人计算机业务及此后诸多的收购整合，则为其跨国收购提供了大量可以借用的经验。

创新并非空穴来风，更不是无中生有，而是根植于特定成长土壤的各种竞争变量的有机组合，它往往需要借助强势领导人的推动，更依赖于全面的组织变革及系统性的公司改造。

对××的公司属性与优劣势而言，创新的难度、风险和成本，远远大过其资源整合与产业扩张。因此，当务之急，是升级而非转型——并不是放弃利润日益微薄的PC、服务器、手机等硬件制造业务，向高附加值的领域转型；而应升级产品与技术，争取更多的话语权，以巩固和扩大其在传统硬件制造领域的市场份额，与此同时向云存储、云计算等领域战略性布局。

应该看到，在我国及其他新兴市场，PC、手机、平板、服务器等硬件产品仍然存在巨大的市场空间和成长可能。如今在强势竞争者向前沿领域转移的背景下，收购它们抛掉的经营不善的业务资产，依靠自身的成本控制、运营管理和组织改造能力，还是可以大有作为的。

当然，收购作为一种扩张手段，不应只购买专利技术、业务关系和团队组织等可量化的固定资产，而应着眼于未来，也就是说这些资产对已有资产的协同、组合、催化效应。从新旧技术、团队、业务关系、资产模块的重组中，生出新的市场机会与开创能力，便是价值所在。

图6-20 中文短文

任务四 速录“会议记录”

现在，速录在我国还属于新兴行业，从业人员很少。目前全国市场上能够独立完成大型会议速记任务的速录师人数较少，主要分布在北京、上海、广州等城市。

任务目标

本任务先介绍什么是速录，然后对会议记录进行速录。通过对本任务的学习，有助于了解速录工作的相关知识，并掌握速录的方法。

相关知识

1. 什么是速录

速录是指由具备相当的信息辨别、采集和记忆能力及语言文字理解、组织、应用等能力的人员，运用速录机对语音或文本信息进行实时采集、整理。由于工作环境、工作内容、工作要求的巨大差异，速录完全不同于打字。速记是会议、论坛经济的产物，而速录是网络经济的产物。

速录师的就业前景十分被看好。一般人讲话的速度在 180 ～ 230 字 / 分钟，而目前速录可以达到 600 多字 / 分钟。速录师目前主要从事以下工作：司法系统的庭审记录、询问记录；社会各界讨论会、研讨会的现场记录；政府部门、各行各业办公会议的现场记录；新闻发布会的网络直播记录；网站嘉宾访谈、网上的文字直播记录；外交、公务、商务谈判的全程记录；讲座、演讲、串讲的内容记录等。

2. 速录机

图 6-21 所示为速录机，全称为亚伟中文速录机。这种特殊的机器是我国速记专家唐亚伟教授发明的，通过双手敲击键盘来完成速录，最多可以同时打出 7 个字。熟练的速录师操作速录机可以实现与对话同步，做到话音落、文稿出。

图6-21 速录机

任务实施

会议记录是在会议过程中将会议情况和会议内容如实记录下来而形成的文书，是会议结束后回顾、检查、总结工作或分析、研究、部署下一步工作的重要依据。会议记录的内容主要由标题和正文两部分组成，对于非常重要的会议或发言，应尽可能地记录下会议的一切内容，尤其是对发言人的讲话和重要的决议，要尽量记录原话，这种记录一般采用速记的方法，会后再进行整理。下面将对图 6-22 所示的会议记录进行速录训练（素材参见：素材文件 \ 项目六 \ 任务四 \ 会议记录 .mp3）。

金色海湾项目部会议记录

会议名称：飓风集团公司金色海湾项目部全体人员会议

会议时间：2021 年 10 月 15 日星期五

会议地点：公司二楼会议室

主持人：张小

记录人：熊燕

出席人：项目部所有人员

缺席人：无

会议议题：控制与保证金色海湾项目工程进度

张小（主持人）：金色海湾项目部以肖强经理为领导，本项目部所有人员必须服从管理。所有人员职责分明，团结一致，互相关心，互相帮助，精诚团结做事。下面就金色海湾项目的问题，大家踊跃发表自己的意见和看法。

李刚（一号楼负责人）：不会出现任何问题，包括安全问题，尽职尽责。

廖维强（二号楼负责人）：1. 主楼与车库垫层没有同一时间完成；2. 计划合理安排工人，合理安排工期，周一之前完成防水之前所有工作。

赵伟（三号楼负责人）：1. 前期施工进度快，计划 12 月 3 号之前砌完砖模，抹灰完成，4~6 号做完防水，准备预验；2. 按图施工，坚持保质保量，保证进度，完成自己的工作。

图6-22 《会议记录》文档效果

实训一　听打录入中文文章

【实训要求】

在“写字板”程序中听打录入图 6-23 所示的中文文章，练习过程中要保持正确的坐姿和键位指法。

【实训思路】

本实训通过“写字板”程序和听打操作完成中文文章的录入，先要听清楚素材的内容，然后再进行录入操作。

【步骤提示】

❶ 选择【开始】/【所有程序】/【附件】/【写字板】菜单命令，启动“写字板”程序。

❷ 打开素材文档（素材参见：素材文件\项目六\实训一\会计岗位工作职责 .mp3），进行听打练习。

会计岗位工作职责

1. 起草编制年度财务预算方案：根据当年经济预测、公司年度经营计划和上年度财务决算，并汇总和分析子公司的财务预算草案，编制公司年度财务预算方案，报上级批准；对公司和子公司的财务预算执行情况进行检查，提出调整建议；建立财务分析评价指标体系和投入产出分析模型，以优化和控制财务结构；收集整理相关财务统计、分析资料；对整个公司、子公司进行月度、年度的财务分析，及时提供财务信息，为公司领导的管理决策、改善资产质量提供意见；对阶段或者全年的经济状况进行分析，提交分析报告。

2. 负责往来账、银行账的对账工作：负责计算机的日常往来对账和银行对账工作，及时纠正对账中发现的错误和问题，保证账账相符；按月编制银行未达、已达账项明细表，银行存款余额调节表，往来未对、已对项目明细表；负责监督银行往来业务的账务处理。

3. 负责职工工资发放，税费代缴：根据人力资源部提供的工资表，支付工资、补贴、津贴、奖金；根据税法规定计算、代扣个人收入所得税，办理代扣费用款项，计算实发工资额。

4. 负责公司总部的账务处理，参与财务决算，编制会计报表：审核各类原始凭证，制作记账凭证，保证各类凭证真实、合法；填制明细账、总账；负责计算机的记账、结账和账簿输出等管理工作；负责审查账务处理业务的真实性、合法性、完整性；审查会计核算的相关报表、计算表的真实性、合法性、完整性；准备公司财务决算工作所需的财务资料；按月编制公司会计报表，对报表中的经济指标和有关数据进行分析和说明；参与公司会计决算工作，编制年度财务决算报表；负责会计报表的汇编、会审工作；负责编制年度合并会计报表，并进行相应调整事项的记录处理。

5. 负责公司总部会计核算的日常稽核工作，监督日常财务制度执行：根据公司的财务制度和会计制度的规定及经费开支范围和标准，对不符合规定的凭证应退回处理；审核支票的领用手续和空白支票的管理；监督各项业务借款的报销工作；审核库存现金日报表，审核向部门外报送的各种报表；收集统计公司内、外稽查所需会计资料，对查找和了解到的情况负有保密责任；定期、不定期会同有关人员核查库存现金、有价证券。

6. 保管财务票据，管理会计档案：保管有关财务票据，严格实行票据的领用手续；负责对已审核的记账凭证、各类账簿、决算报表，以及银行对账单、工资发放明细表、往来对账明细表等会计资料进行装订、整理、立卷和归档；负责会计档案的日常管理，按要求办理会计档案的借阅、归还登记；定期对超过档案管理期限的会计凭证和有关辅助资料进行清理，并按财务制度规定登记销毁。

7. 监督子公司的会计核算工作：监督子公司账务处理业务；检查子公司会计报表的编制工作；检查子公司财务票据和会计档案的保管工作；监督子公司其他会计制度执行情况。

8. 完成财务部的其他各项工作。

图6-23 《会计岗位工作职责》文档效果

实训二　速录演讲稿文章

【实训要求】

在“写字板”程序中使用速录机对图 6-24 所示的演讲稿进行速录。练习过程中要保持正确的坐姿和键位指法，速度不低于 140 字 / 分钟，正确率不低于 80%。

【实训思路】

本实训借助速录机进行文章速录练习，当速录速度能跟上发言人的语速时，可以边打边改；当速度跟不上发言人的语速时，要尽量先用同音的字或词将听到的语言信息记录完整，待后期进行校对。

自卑比狂妄更糟糕
——俞敏洪在北京卫视《我是演说家》的演讲稿

当有人站在这么一个舞台上，我们很多同学都会羡慕。也会想：“也许我去讲，会比他讲得更好。”但是不管站在台上的同学是面对失败还是最后的成功，他已经站在这个舞台了。而你，还只是一个旁观者。

这里面的核心元素，不是你能不能演讲，不是你有没有演讲才能，而是你敢不敢站在这个舞台上来。我们一生有多少事情是因为我们不敢所以没有去做的。

曾经有这么一个男孩，在大学整整四年没有谈过一次恋爱，没有参加过一次学生会、班级的干部竞选活动。这个男孩是谁呢?他就是我。

在大学的时候，难道我不想谈恋爱吗?那为什么没有呢?因为我首先就把自己看扁了。我在想，如果我去追一个女生，这个女生可能会说：“你这头猪，居然敢追我，真是癞蛤蟆想吃天鹅肉。”要真出现这种情况，我除了上吊和挖个地洞跳进去，我还能干什么呢?所以这种害怕阻挡了我所有本来应该在大学发生的各种感情上的美好。

其实现在想来，这是一件多么可笑的事情，你怎么知道就没有喜欢“猪”的女生呢?就算你被女生拒绝了，那又怎么样呢?这个世界会因为这件事情就改变了吗?那种把自己看得太高的人我们说他狂妄，但是一个自卑的人，一定比一个狂妄的人还要更加糟糕。因为狂妄的人也许还能抓到他生活中本来不是他的机会，但是自卑的人永远会失去本来就属于他的机会。因为自卑，所以你就会害怕，你害怕失败，你害怕别人的眼光，你会觉得周围的人全是抱着讽刺打击侮辱你的眼神在看你，因此你不敢去做。所以你用一个本来不应该贬低自己的元素贬低自己，使你失去了勇气，这个世界上的所有的门，都被关了。

当我从北大辞职出来以后，作为一个北大的快要成为教授的老师，马上变成穿着破军大衣，拎着浆糊桶，专门到北大里面去贴小广告的人，我刚开始内心充满了恐惧，我想这可都是我的学生啊，果不其然学生就过来了。“哎，俞老师，你在这贴广告啊。”我说：“是，我从北大出去自己办个培训班，自己贴广告。”学生说：“俞老师别着急，我来帮你贴。”我突然发现，原来学生并没有用一种贬低的眼神在看我，学生只是说“俞老师我来帮你贴”而且说，“我不光帮你贴，我还在这看着，不让别人给它盖上。”逐渐我就意识到了，这个世界上，只有你克服了恐惧，不在乎别人的眼光，你才能成长。也正是有了这样慢慢不断增加的勇气，我有了自己的事业，有了自己的生活，有了自己的未来。

回过头来再想一想，最近这几天在全世界非常火爆的我的朋友之一马云，他就比

图6-24 《演讲稿》文档效果

【步骤提示】

1. 选择【开始】/【所有程序】/【附件】/【写字板】菜单命令，启动“写字板”程序。
2. 连接速录机和计算机，安装驱动程序。
3. 对素材文档进行速录（素材参见：素材文件 \ 项目六 \ 实训二 \ 演讲稿 .mp3）。

课后练习

（1）启动“记事本”程序，使用手写方式录入素材文档内容（素材参见：素材文件\项目六\课后练习\祝酒词.txt）。

（2）启动“写字板”程序，使用语音方式录入素材文档内容（素材参见：素材文件\项目六\课后练习\催款函.rtf）。

（3）启动“写字板”程序，使用听打方式录入素材文档内容（素材参见：素材文件\项目六\课后练习\表彰通报.rtf）。

技能提升

1. 速录和录音的区别

随着信息社会的飞速发展，产生了速录机和录音机等设备。很多人认为录音可以完全代替速录，这种认识是不正确的，速录和录音的区别如下。

- **应用范围不同**。录音只能记录声音信息，且不能实时转化为文字信息，对无声信息更是无能为力；速录既可以记录有声信息，又可以记录体态、语言等无声信息，还可以使有声信息书面化，尤其是在某些不允许或不方便使用录音的场合，速录就显得特别重要。
- **时效性不同**。录音记录有声信息时，只能被动、机械地照录，不能进行选择和修改，不便查找；同时，将录音记录的有声信息整理、转换成文字时，需要反复收听录音，费时费力，将一小时的录音信息整理成文字信息，一般需要3 ~ 4小时才能完成。速录技术由人把握记录信息的主动权，记录信息时可以进行同步过滤、修改、整理。另外，录音记录交互式语言信息时不便于书面化，如座谈会、交流会、研讨会、论坛等场合，会有多个人说话，在将录音信息整理为书面材料时，由于看不到发言人，较难识别是哪一位发言人说的，从而产生错误；而速录记录因为速录师在现场采集便没有这样的烦恼。
- **记录的信息量不同**。人们在表达语言信息时，往往伴随着无声信息（表情、手势、体态），这些也是需要记录下来的，这些无声信息无法录音，这样会使最后的信息显得不够全面和丰满；而速录则可以记录下来。人们在表达的过程中，有时只会说前半句话，后半句可能会吞音或省略不说，如果发言人的声音小而模糊，记录和采集起来就更困难。在会议现场采集信息与听录音采集信息相比，前者的信息来源要丰富得多，记录、整理起来也轻松得多，速录师可以借助当时的语境，通过观察发言人的神态或口形等将记录补充完整，使得记录下的信息更加准确、丰富、生动。

2. 速录师职业标准

按照2004年出版的《国家职业标准速录师（试行）》，速录师分为3个等级，即速录员、速录师、高级速录师。速录员对语音信息的采集速度不低于140字/分钟，速录师不低于180字/分钟，高级速录师则要求不低于220字/分钟。3个等级的录入准确率都必须达到95%以上。

速录师等级证书申报条件如下。

- **速录员（具备以下条件之一者）**。经本职业速录员正规培训达规定标准学时数，并取得结业证书；连续从事本职业工作2年以上；取得以中级技能为培养目标的中等以上职业学校本职业毕业证书。
- **速录师（具备以下条件之一者）**。取得速录员职业资格证书后，连续从事本职业工作2年以上，经速录师正规培训达规定标准学时数，并取得结业证书；连续从事本职业工作3年以上；具有大专以上本专业或相关专业学历，连续从事本职业工作1年以上。
- **高级速录师（具备以下条件之一者）**。取得本职业速录师职业资格证书后，连续从事本职业工作2年以上，经本职业高级速录师正规培训达规定标准学时数，并取得结业证书；连续从事本职业工作5年以上；具有大专以上本专业或相关专业学历，连续从事本职业工作2年以上。

项目七 在Word 2016中录入和编辑文字

07

情景导入

老洪：米拉，最近公司要招一批销售人员，需要做一个招聘启事，资料我发给你，你去准备一份电子文档。

米拉：好的，我会尽力去完成的。

老洪：对了，顺便把刚才的开会记录整理一下，尽快CC一份电子文档给我，我要进行存档。

米拉：什么是CC?

老洪：CC就是抄送的意思，明白了吗?

米拉：是这样呀，那我现在就去整理。

学习目标

- 掌握Word 2016工作界面中各组成部分的作用
- 掌握Word 2016的启动和退出方法
- 掌握Word文档的新建、打开、关闭、保存等基本操作
- 掌握Word文档的录入和编辑操作
- 掌握字体格式和段落样式等设置

技能目标

- 掌握“会议记录”电子文档的录入和编辑方法
- 掌握“招聘启事”电子文档的录入和设置方法
- 了解各种办公文稿字体的选择方法

任务一 Word 2016 的基本操作

Word 是微软公司开发的 Office 办公组件之一，主要用于处理文字。随着办公自动化的发展，微软公司不断地推出新版本的 Word，下面以 Word 2016 为例进行讲解。

任务目标

本任务介绍 Word 2016 工作界面中各组成部分的作用。首先启动 Word 2016，再练习 Word 文档的新建、打开、关闭、保存等基本操作，最后退出 Word 2016。通过对本任务的学习，可以掌握 Word 2016 的基本操作。

相关知识

Word 2016 的工作界面主要由快速访问工具栏、功能选项卡、标题栏、搜索框、功能区、“文件”选项卡、文档编辑区、状态栏、视图栏等部分组成，如图 7-1 所示。下面分别介绍 Word 2016 工作界面的各组成部分。

图7-1 Word 2016的工作界面

- **快速访问工具栏**。快速访问工具栏位于Word工作界面顶部的左侧，单击快速访问工具栏右侧的按钮，在弹出的下拉列表框中有常用的工具选项，选择对应选项便可将其添加至快速访问工具栏或从快速访问工具栏删除。
- **功能选项卡**。Word工作界面中集成了多个功能选项卡，每个选项卡代表Word执行的一类核心任务，每类任务按不同功能分成若干个组，如“开始”选项卡中有“剪贴板”组、“字体”组、“段落”组等。

- **标题栏**。标题栏用于显示文档名和程序名。右侧的“窗口控制”按钮主要用于控制窗口大小，单击“功能区显示选项”按钮可以设置自动隐藏功能区等；单击“最小化”按钮可缩小窗口到任务栏并以图标按钮显示；单击“最大化”按钮可满屏显示窗口，且该按钮变为“还原”按钮，再次单击该按钮可将窗口恢复到原始大小；单击“关闭”按钮可关闭当前文档。
- **搜索框**。在搜索框中输入要搜索的关键字，如“新建文档”，在弹出的下拉列表框中选择其中一个建议，或者选择“获取有关‘新建文档’的帮助”。
- **功能区**。功能选项卡与功能区是对应的关系，单击某个选项卡即可展开相应的功能区。在功能区中有许多自动适应窗口大小的工具组，每个组中包含不同的命令按钮和下拉列表框等，如图7-2所示。有的组右下角还会显示对话框扩展按钮，单击该按钮可以打开对应的对话框或任务窗格进行更详细的设置。

图7-2 功能区

- **“文件”选项卡**。“文件”选项卡是对文档执行操作的命令集。单击“文件”选项卡后，左侧显示功能选项，右侧显示预览窗口。
- **文档编辑区**。文档编辑区是用来输入和编辑文档内容的区域。文档编辑区中有一个不断闪烁的竖线光标“|”，即“文本插入点”，用于定位文本的输入位置。在文档编辑区的右侧和底部还有垂直滚动条和水平滚动条，当窗口缩小或文档编辑区不能完全显示所有文档内容时，可拖曳滚动条中的滑块或单击滚动条两端的滚动按钮，将内容显示出来。
- **状态栏**。状态栏位于窗口最底端的左侧，用于显示当前文档页数、总页数、字数、当前文档检错结果、语言状态等信息。
- **视图栏**。视图栏位于状态栏的右侧，单击视图按钮组中相应的按钮可切换视图模式；单击“缩小”按钮-、“放大”按钮+或拖曳滑块可调整页面显示比例；单击最右侧的“缩放级别”按钮100%，将打开“显示比例”对话框，可在其中调整显示比例。

1. 启动Word 2016并新建文档

安装好Office 2016后，即可启动Word 2016，并新建一个空白文档。其具体操作如下。

❶ 选择【开始】/【所有程序】/【Word 2016】菜单命令，如图 7-3 所示，启动 Word 2016（后文简称 Word）。

❷ 在快速访问工具栏中单击“新建”按钮；或单击“文件”选项卡，在弹出的列表中选择“新建”选项，在“新建”窗口中选择“空白文档”选项，如图 7-4 所示；或直接按【Ctrl+N】组合键，均可新建一篇空白文档。

图7-3 启动Word 2016程序

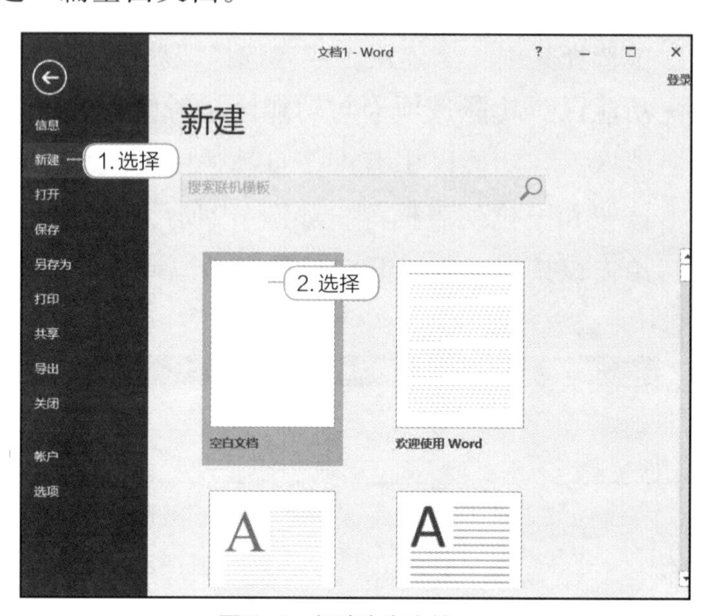

图7-4 新建空白文档

知识补充

在图 7-4 中拖曳窗口中的垂直滚动条可以浏览所有的模板样式，或在搜索框中输入模板关键字搜索联机模板；可以根据已有的模板样式来新建文档，新建后再结合需要修改文档内容。

2. 保存和另存文档

在 Word 中新建文档后可将文档保存。对已保存过的文档，在不替换原文档的情况下，可在“另存为”对话框中将其另存为其他名称或格式的文档。下面将当前文档以“信函”为名保存，完成后将“信函”文档以 PDF 格式另存到桌面，其具体操作如下。

微课视频

保存和另存文档

❶ 单击“文件”选项卡，在弹出的列表中选择“保存”选项。如果是已经保存过的文档将直接保存文档内容；如果是第一次对新建的文档进行保存，将打开“另存为”窗口，提供“这台电脑”“添加位置”“浏览”等保存方式。选择“浏览”，如图 7-5 所示。

❷ 打开“另存为”对话框，在左侧地址栏中选择保存位置，这里保持默认设置，在“文件名”文本框中输入“信函”，单击保存(S)按钮保存文档，如图 7-6 所示。

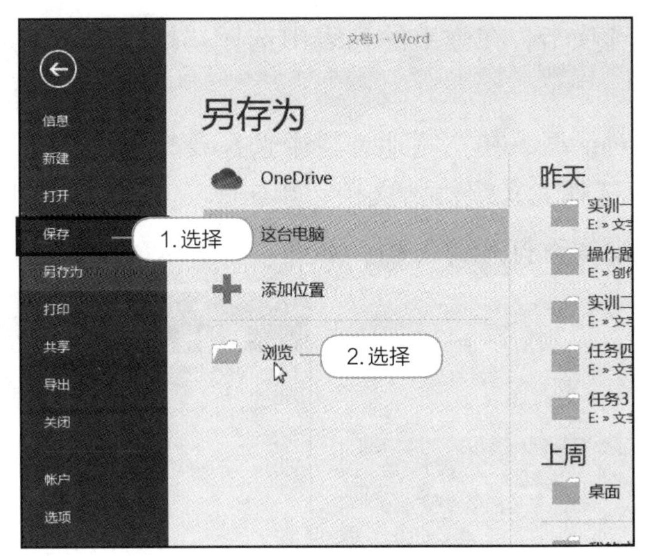

图7-5 选择“保存”选项

图7-6 保存文档

③ 回到文档工作界面，单击“文件”选项卡，在弹出的列表中选择“另存为”选项，在右侧的“另存为”窗口中选择“浏览”。

④ 打开“另存为”对话框，在左侧的地址栏中选择“桌面”选项作为保存位置，然后在“保存类型”下拉列表框中选择“PDF”选项，单击保存(S)按钮，完成另存文档的操作。

3. 打开和关闭文档

对于已保存过的文档，可在 Word 中重新将其打开，双击已保存过的文档文件或在 Word 中使用“打开”命令均可打开文档；使用“关闭”命令则可将文档关闭。下面使用“打开”命令打开“介绍信”文档（素材参见：素材文件\项目七\任务一\介绍信.docx），查看后再关闭文档，其具体操作如下。

微课视频

打开和关闭文档

❶ 单击“文件”选项卡，在弹出的列表中选择“打开”选项，在右侧的“打开”窗口中选择“浏览”。

❷ 打开“打开”对话框，在左侧地址栏中选择要打开文档所在的磁盘和文件夹，再在中间的文件列表框中选择“介绍信”文档，单击 打开(O) 按钮，如图 7-7 所示。

❸ 在打开的窗口中查看打开的文档，如图 7-8 所示。

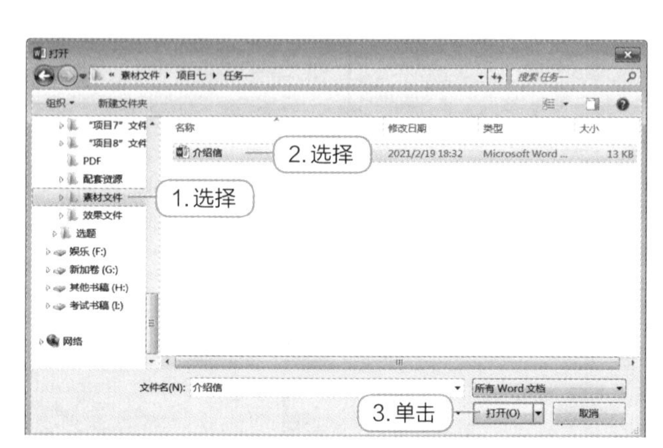

图7-7 “打开”对话框

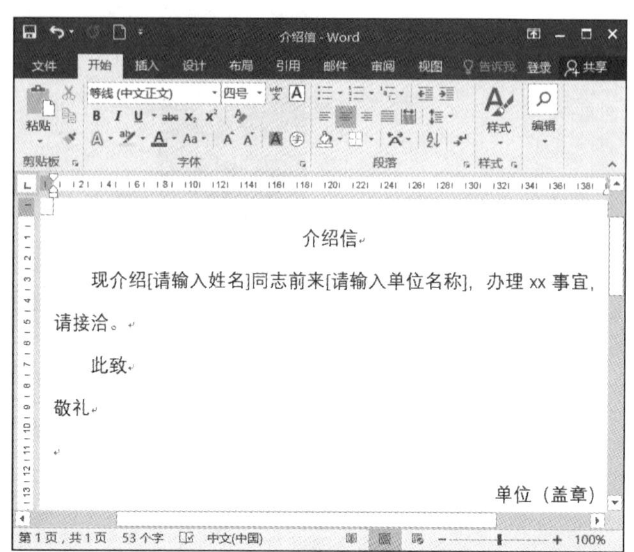

图7-8 查看打开的文档

❹ 单击“文件”选项卡，在弹出的列表中选择“关闭”选项，或单击右上角的“关闭”按钮，将打开的文档窗口关闭，当关闭所有打开的文档窗口后便会退出 Word。

知识补充

当关闭未保存的文档时，Word 会自动打开询问对话框，询问关闭前是否保存文档。其中，单击 保存(S) 按钮可保存后关闭文档，单击 不保存(N) 按钮可不保存直接关闭文档，单击 取消 按钮可取消关闭操作。

任务二 录入并编辑“会议记录”文档

在会议过程中，记录人员把会议的组织情况和具体内容记录下来，就形成了会议记录。会议记录是讨论发言的实录，属事务文书，一般不公开发表或传阅，只作为资料存档。

任务目标

本任务练习用 Word 制作“会议记录”文档，在制作时可以先录入初稿，然后新建会议记录的模板，将录入的内容复制进模板中，最后根据需要修改和编辑文本的内容。通过对本任务的学习，有助于掌握Word的文字基本处理功能。本任务制作完成的“会议记录”文档最终效果如图 7-9 所示。

蓝雨公司项目会议记录

会议时间：2021 年 3 月 4 日 10:00

会议地点：蓝雨公司会议室

会议主持人：李海燕（副总经理）

会议出席人：技术部、市场部、研发部的部门经理

会议列席人：李刚、斐然、李彬、高珊珊、梦瑶、唐茜、晓宇

会议记录人：张春花（总经理助理）

一、主持人讲话

今天主要讨论一下办公自动化软件是否投入开发，以及如何开展前期工作的问题。

二、发言

发言人：晓宇。观点：类似的办公软件已经有不少，如微软公司的 Office 系列、金山公司的 WPS 系列，以及众多的财务、税务、管理方面的软件。我认为首要的问题是确定选题方向，如果没有特点，不能盲目研发。

发言人：李彬。观点：首先要明确的是，办公软件虽多，但从专业角度而言，大都不规范。我指的是编辑方面的问题。如 Word 中对于行政公文这一块就干脆忽略掉，而书信这一部分也大多是英文习惯，中国人使用起来很不方便。WPS 是中国人开发的软件，在技术上很有特点，但在应用文方面的编辑十分简陋，离专业水准很远。我认为我们定位在这一方面是很有市场的。

图7-9 “会议记录”文档

为追求时效性，文档的编辑周期可能很短，导致文档可能存在言语不通、错别字较多等问题。因此，编辑人员一定要加强责任心，录入时不能一味地追求速度，提交文档前还应仔细检查内容。

相关知识

会议记录有详和略之分。略是指记录会议上的重要或主要言论；详则要求记录的项目必须完整，记录的言论必须详细、清晰。下面具体介绍记录时的几个基本要求。

- **真实性**。写明会议全称、开会时间、地点、会议性质；如实地记录别人的发言，不论详略，都必须忠于原意，不得添加记录者的观点和主张，不得断章取义。
- **周密性**。记下会议主持人、出席会议应到和实到人数，以及缺席、迟到、早退人数及其姓名、职务，也要写下记录人员姓名。如果是群众大会，只要记录参加的对象和总人数，以及出席会议的较重要的领导即可；如果是某些重要的会议，出席对象来自不同单位，应设置签名簿，请出席者签署姓名、单位、职务等。

- **严谨性**。注意记录会议上的发言和有关动态。会议发言的内容是记录的重点，其他会议动态，如发言中插话、笑声、掌声、临时中断及别的重要的会场情况等，也应予以适当记录，但记录的详细程度，要根据情况决定，不必“有闻必录”。对于某些特别重要的会议或特别重要人物的发言，需要记下全部内容。
- **完整性**。从会议开始到会议结束，记录人员都要认真负责地记录，不能漏掉任何要素。

职业素养

想成为一名优秀的文字录入与编辑人员，除了要有严密的逻辑思维外，还需具备一定的文字水平。编辑的文档要做到语句通顺、用字规范、用词严谨而不刻板、没有错别字，这样的文档才能具有较强的阅读性。

任务实施

1. 录入文档内容

在 Word 的文档编辑区中录入普通文本、数字、符号等。可以直接在空白文档的光标插入点处开始录入，也可以运用即点即输功能录入带有居中、首行缩进、右对齐等格式的文字。下面在“文档 1”文档中录入会议记录（素材参见：素材文件 \ 项目七 \ 任务二 \ 会议记录 .txt），其具体操作如下。

1 在当前空白文档中将鼠标指针移至文档上方的中间位置，当鼠标指针变成I形状时双击，将光标插入点定位到此处。

2 为了使标题突出，在【开始】/【字体】组的“字号”下拉列表框中选择“二号”选项，如图 7-10 所示。

3 按【Ctrl+Shift】组合键切换到中文输入法，录入标题“蓝雨公司项目会议记录”文本，如图 7-11 所示。

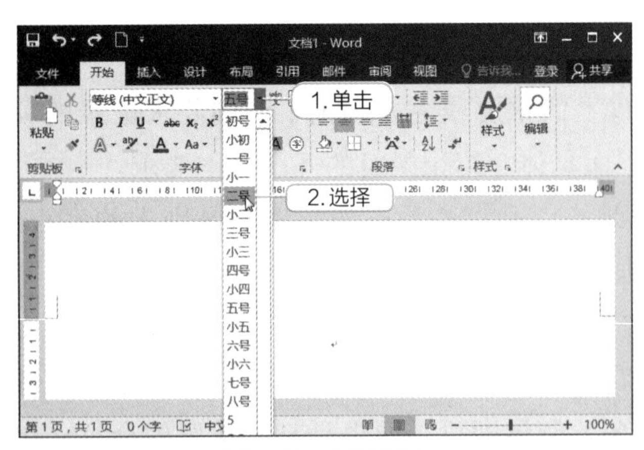

图7-10 设置字号

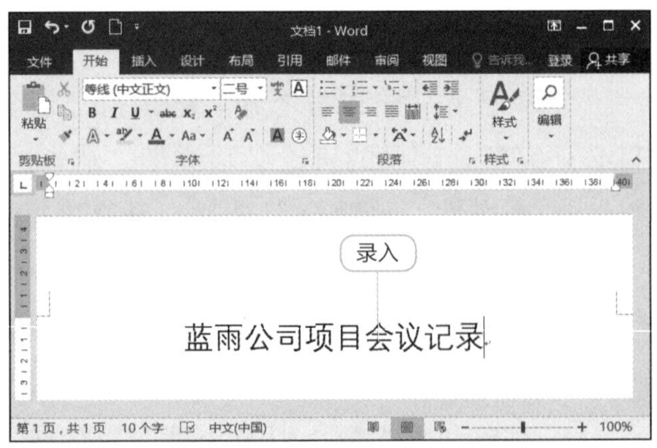

图7-11 录入标题

④ 将鼠标指针移至文档标题下方左侧需要录入文本的位置，此时鼠标指针变成I≡形状，如图 7-12 所示，单击将光标插入点定位到此处。

⑤ 将字号设置为“小四”，然后录入会议时间。按【Enter】键换行，依次录入地点、主持人、出席人、列席人、记录人等，效果如图 7-13 所示。

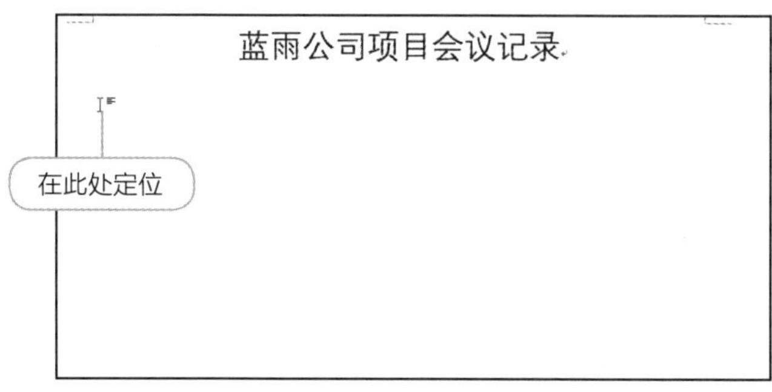

图7-12　定位光标插入点

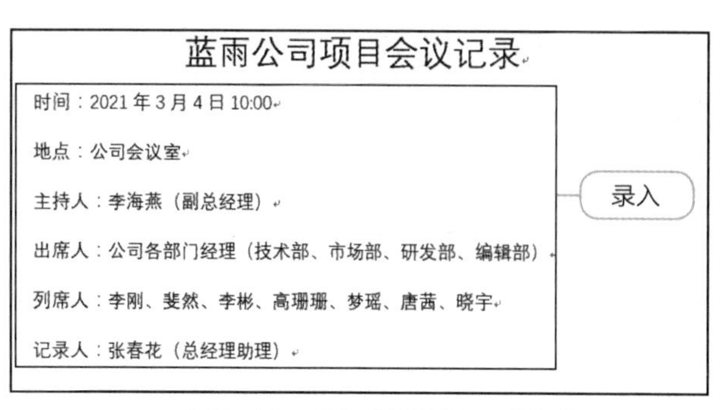

图7-13　录入会议记录开头部分

知识补充

制作文档时也可以先录入文本，完成后再设置其字体和段落格式。本例运用了即点即输功能，并在录入前设置了字号，这样可以满足创建如通知、记录、启事这类简单的行政公文的需要，不用再单独修改格式。

⑥ 按【Enter】键换行，录入会议记录的正文内容，各段落首行前面用空格进行缩进，如图 7-14 所示。

⑦ 录入会议记录正文剩下的内容，完成后将鼠标指针拖曳至正文最后面的右侧空白位置，在鼠标指针变成≡I形状后单击，将光标插入点定位到此处，录入落款，如图 7-15 所示，完成录入。

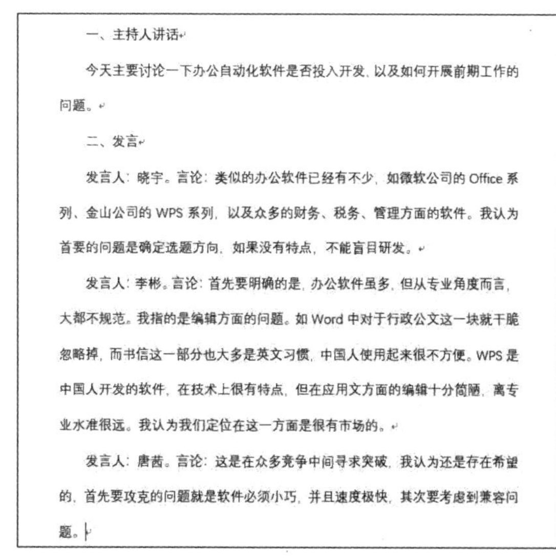

一、主持人讲话

今天主要讨论一下办公自动化软件是否投入开发，以及如何开展前期工作的问题。

二、发言

发言人：晓宇。言论：类似的办公软件已经有不少，如微软公司的 Office 系列、金山公司的 WPS 系列，以及众多的财务、税务、管理方面的软件。我认为首要的问题是确定选题方向，如果没有特点，不能盲目研发。

发言人：李彬。言论：首先要明确的是，办公软件虽多，但从专业角度而言，大都不规范。我指的是编辑方面的问题。如 Word 中对于行政公文这一块就干脆忽略掉，而书信这一部分也大多是英文习惯，中国人使用起来很不方便。WPS 是中国人开发的软件，在技术上很有特点，但在应用文方面的编辑十分简陋，离专业水准很远。我认为我们定位在这一方面是很有市场的。

发言人：唐茜。言论：这是在众多竞争中间寻求突破，我认为还是存在希望的，首先要攻克的问题就是软件必须小巧，并且速度极快，其次要考虑到兼容问题。

图7-14　录入正文内容

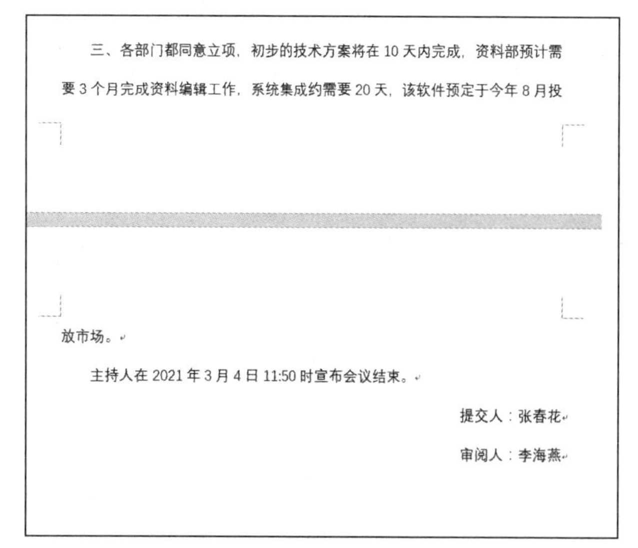

三、各部门都同意立项，初步的技术方案将在 10 天内完成，资料部预计需要 3 个月完成资料编辑工作，系统集成约需要 20 天，该软件预定于今年 8 月投放市场。

主持人在 2021 年 3 月 4 日 11:50 时宣布会议结束。

提交人：张春花

审阅人：李海燕

图7-15　录入落款

2. 修改文本

录入文本后，根据需要可以对文本进行修改操作，包括插入文本、删除文本、移动文本、复制文本等。下面对前面录入的会议记录内容进行修改，其具体操作如下。

1 选中“出席人：”右侧括号中的“、编辑部”文本，按【Delete】键将其删除，如图 7-16 所示。

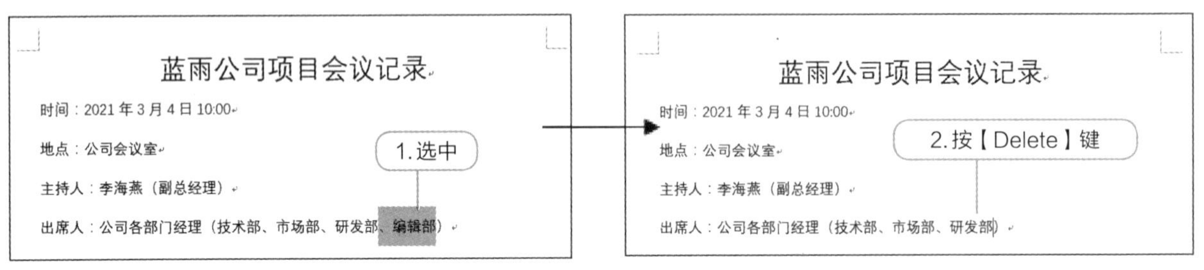

图7-16 选中并删除文本

2 在“时间：”文本前面单击以定位插入点，录入“会议”文本，如图 7-17 所示，完成文本的插入。

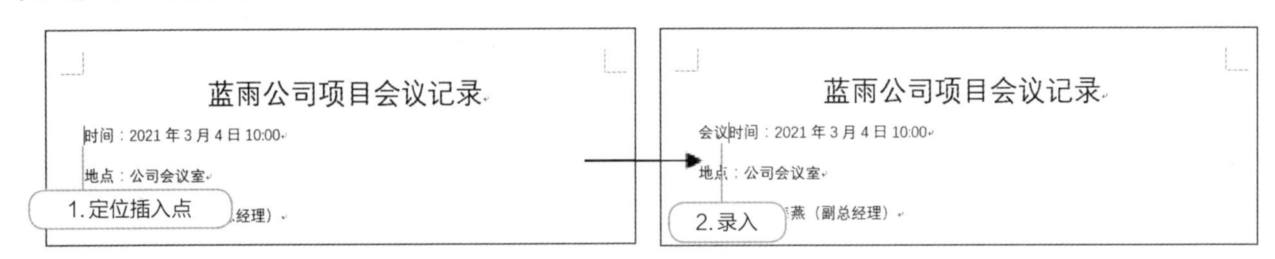

图7-17 插入文本

3 选中前面插入的“会议”文本，按【Ctrl+C】组合键复制文本，然后分别在“地点：”“主持人：”“出席人：”“列席人：”“记录人：”文本前面单击，定位插入点后按【Ctrl+V】组合键粘贴文本，如图 7-18 所示。

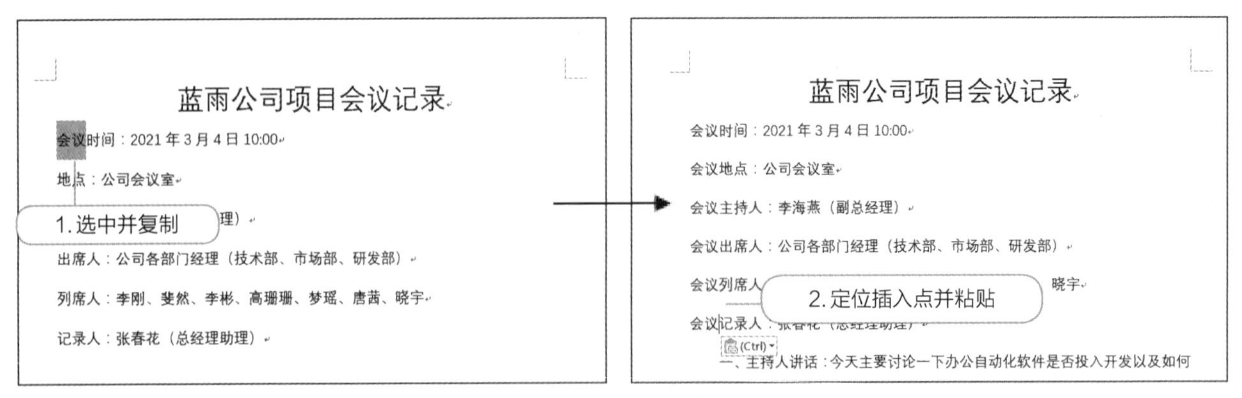

图7-18 复制并粘贴文本

4 选中标题中的“蓝雨”文本，按【Ctrl+C】组合键复制文本，在“公司会议室”

文本前面单击定位插入点，然后在【开始】/【剪贴板】组中单击“粘贴”按钮下方的下拉按钮，在弹出的下拉列表框中单击“只保留文本”按钮，此时插入点处将显示粘贴的文本效果，如图 7-19 所示。

5 选中“会议出席人：”右侧括号中的“技术部、市场部、研发部”文本，按住鼠标左键不放并拖曳，使插入点定位到“公司各部门经理”文本前面，松开鼠标，完成文本的移动操作，如图 7-20 所示。

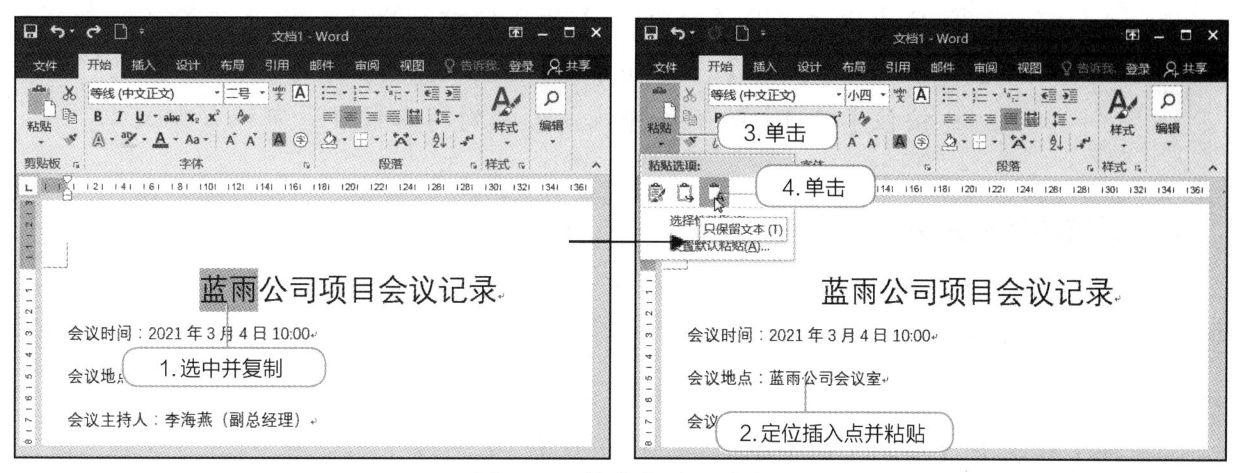

图7-19 粘贴时只保留文本

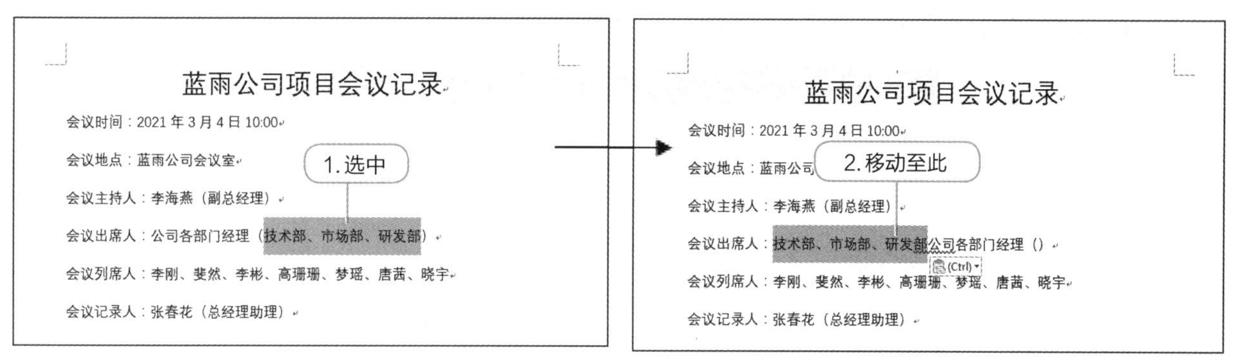

图7-20 选中并移动文本

6 选中“会议出席人:”右侧的“公司各”文本,然后重新输入“的”文本,如图 7-21 所示。

7 选中右侧多余的括号，按【Delete】键将其删除，如图 7-22 所示。

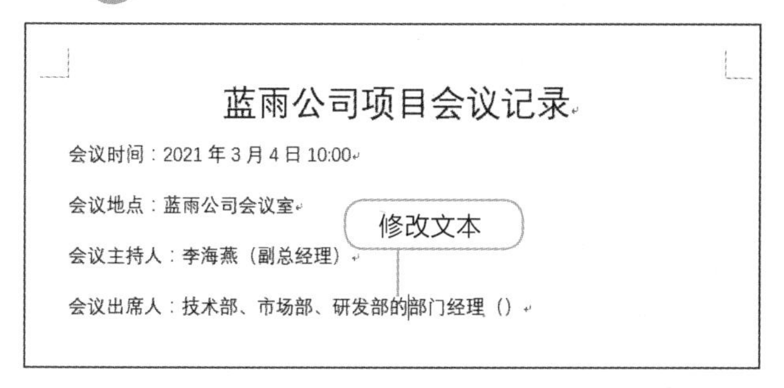

图7-21 修改文本

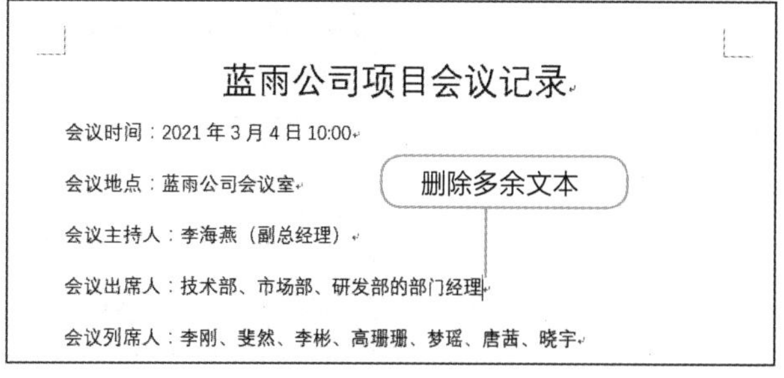

图7-22 删除多余文本

选中、移动、复制文本的其他方法。

① 将鼠标指针移动到需选中的段落左侧，当鼠标指针变为形状时，单击即可选中一行文本，双击可选中整个段落，单击 3 次或按【Ctrl+A】组合键，可选中整篇文档。

② 选中文本后，按住【Ctrl】键不放，再选中其他文本，可选中不连续的文本；按住【Shift】键不放则可以选中连续的文本。

③ 选中文本，按【Ctrl+X】组合键剪切文本，在要移至的位置单击定位插入点后，按【Ctrl+V】组合键，可以移动文本。

④ 按住【Ctrl】键不放并拖曳文本到所需位置，可以复制文本。

3．查找和替换文本

查找功能用于在文档中快速查找到目标文本，替换功能可将文档中指定的文本统一替换为其他文本。下面查找“言论”文本，然后通过替换功能将其全部替换为“观点”文本，其具体操作如下。

1 在【开始】/【编辑】组中单击查找按钮或按【Ctrl+F】组合键，打开“导航”窗口。在文本框中录入“言论”文本，按【Enter】键，Word 将从文档的起始位置开始查找所需的文本内容，查找到的“言论”文本将分别在“导航”窗口和文档中突出显示，如图 7-23 所示。

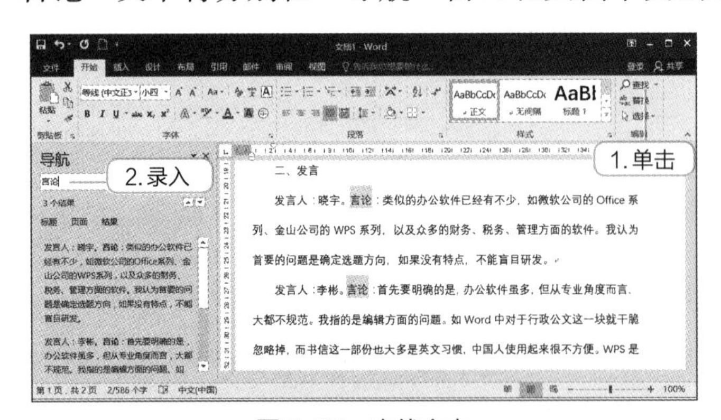

图7-23 查找文本

2 关闭“导航”窗口，在【开始】/【编辑】组中单击替换按钮或按【Ctrl+H】组合键，打开“查找和替换”对话框，如图 7-24 所示。

图7-24 “查找和替换”对话框

③ 在“替换为”文本框中录入需替换的文本“观点”，单击全部替换(A)按钮，打开的提示对话框将显示替换的数量，单击确定按钮，如图 7-25 所示。

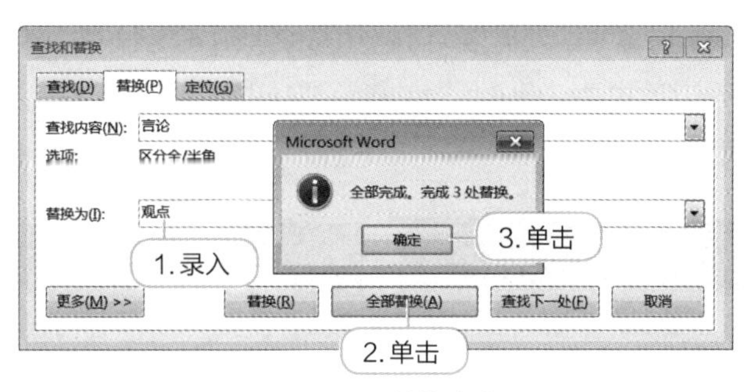

图7-25　替换文本

④ 单击“关闭”按钮，关闭对话框，返回文档查看效果，如图 7-26 所示。

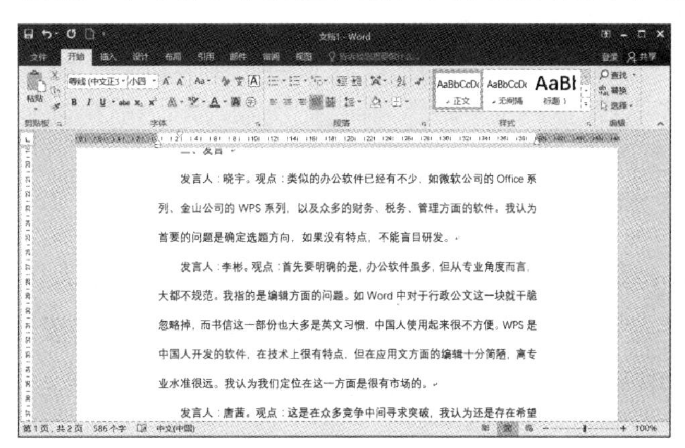

图7-26　替换文本后的效果

知识补充

查找与替换时的相关操作。

① 单击查找按钮右侧的按钮，在弹出的下拉列表框中选择“高级查找”选项，可以打开“查找和替换”对话框进行查找操作。

② 在替换文本时，如果不需要全部替换，可以在输入替换文本后，单击查找下一处(F)按钮，Word 将从文档的起始位置开始查找所需的文本内容，如果是需要替换的内容，就单击替换(R)按钮，否则单击查找下一处(F)按钮。

③ 单击更多(M) >>按钮，可以展开更多的查找和替换选项进行设置，如区分全角、半角等。

4. 撤销和恢复操作

在编辑 Word 文档时，Word 会自动记录所有编辑文档的操作，如果在编辑文档时操作失误，可通过撤销功能将失误的操作撤销；也可以通过恢复功能来恢复之前执行过的操作。下面先撤销前面的替换操作，再使用恢复操作恢复文档，最后将文档另存为“会议记录”文档。其具体操作如下。

微课视频

撤销和恢复操作

❶ 单击快速访问工具栏上的“撤销”按钮或按【Ctrl+Z】组合键，撤销上一步替换操作，文档中的“观点”文本变为替换前的“言论”文本，如图 7-27 所示。

❷ 单击快速访问工具栏上的“恢复”按钮或按【Ctrl+Y】组合键，文档中的“言论”文本将重新被替换为“观点”文本，此时“恢复”按钮呈灰色，表示没有可以恢复的操作，如图 7-28 所示。

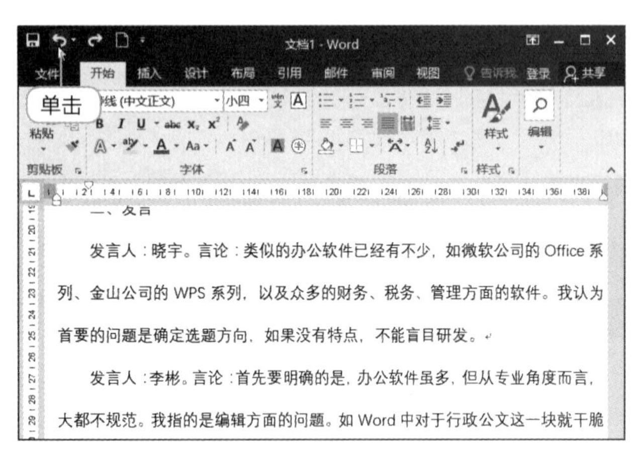

图7-27 撤销操作

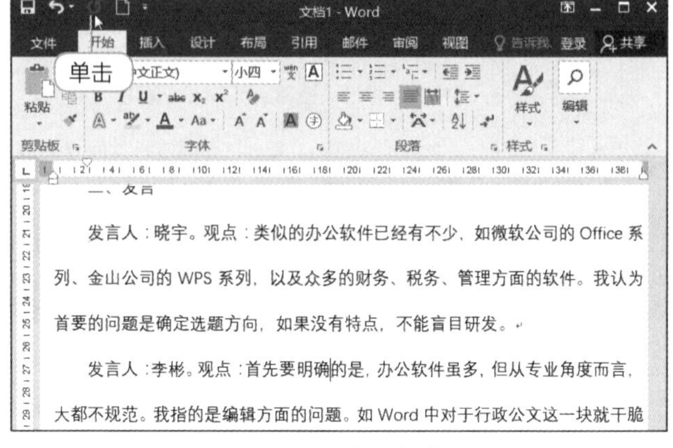

图7-28 恢复操作

❸ 单击快速访问工具栏上的“保存”按钮，打开“另存为”对话框。在“文件名”文本框中录入文件名“会议记录”，选择保存位置后单击保存(S)按钮即可完成任务（最终效果参见：效果文件\项目七\任务二\会议记录.docx）。

知识补充

单击“撤销”按钮右侧的下拉按钮，在弹出的下拉列表框中选择需要撤销的某一步操作，可以撤销最近执行过的操作。

任务三 设置“招聘启事”文档

招聘启事是用人单位面向社会公开招聘有关人员时使用的一种应用文书。招聘启事撰写的质量，将直接影响招聘单位的形象和招聘的效果。在 Word 中制作招聘启事时，可以通过设置字符和段落格式，使其更具可读性。

任务目标

本任务练习用 Word 制作“招聘启事”文档，制作时先录入招聘启事文本，然后对字体格式和段落格式进行设置。通过对本任务的学习，有助于掌握字体格式的设置、段落对齐方式的设置、段落缩进的设置、段落编号的设置。本任务制作完成的“招聘启事”文档最终效果如图 7-29 所示。

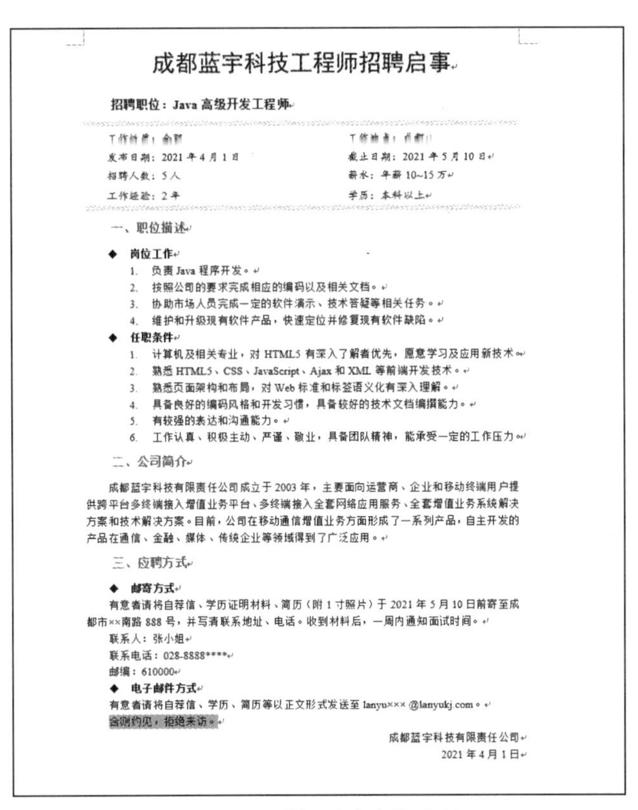

成都蓝宇科技工程师招聘启事

招聘职位：Java 高级开发工程师

发布日期：2021 年 4 月 1 日　　截止日期：2021 年 5 月 10 日
招聘人数：5 人　　薪水：年薪 10~15 万
工作经验：2 年　　学历：本科以上

一、职位描述

- **岗位工作**
  1. 负责 Java 程序开发。
  2. 按照公司的要求完成相应的编码以及相关文档。
  3. 协助市场人员完成一定的软件演示、技术答疑等相关任务。
  4. 维护和升级现有软件产品，快速定位并修复现有软件缺陷。
- **任职条件**
  1. 计算机及相关专业，对 HTML5 有深入了解者优先，愿意学习及应用新技术。
  2. 熟悉 HTML5、CSS、JavaScript、Ajax 和 XML 等前端开发技术。
  3. 熟悉页面架构和布局，对 Web 标准和标签语义化有深入理解。
  4. 具备良好的编码风格和开发习惯，具备较好的技术文档编撰能力。
  5. 有较强的表达和沟通能力。
  6. 工作认真、积极主动、严谨、敬业，具备团队精神，能承受一定的工作压力。

二、公司简介

成都蓝宇科技有限责任公司成立于 2003 年，主要面向运营商、企业和移动终端用户提供跨平台多终端接入增值业务平台、多终端接入全套网络应用服务、全套增值业务系统解决方案和技术解决方案。目前，公司在移动通信增值业务方面形成了一系列产品，自主开发的产品在通信、金融、媒体、传统企业等领域得到了广泛应用。

三、应聘方式

- **邮寄方式**

有意者请将自荐信、学历证明材料、简历（附 1 寸照片）于 2021 年 5 月 10 日前寄至成都市××南路 888 号，并写清联系地址、电话。收到材料后，一周内通知面试时间。

联系人：张小姐

联系电话：028-8888****

邮编：610000

- **电子邮件方式**

有意者请将自荐信、学历、简历等以正文形式发送至 lanyu××× @lanyukj.com。

合则约见，拒绝来访。

成都蓝宇科技有限责任公司

2021 年 4 月 1 日

图7-29 “招聘启事”文档

职业素养

从事与文稿录入相关的工作时，熟练撰写各种文稿是应具备的基本素质，并且要不断提高撰写文稿的质量，其注意事项主要包括以下几点。

① 要准确把握领导意图，注意领导讲话的方式，使文稿与领导语言风格一致。

② 要合理运用公司政策、业务制度、法律、计算机等知识，使文稿内容切实可行、实事求是。

③ 文稿内容要字斟句酌，结构严谨，语言精练，用词准确。

④ 要广泛获取写作资料和写作素材，多方面采集信息并加以借鉴，不要敷衍塞责，草草了事。

相关知识

1. 认识“字体”组

在【开始】/【字体】组中可以快速设置常用字符格式，如图 7-30 所示。

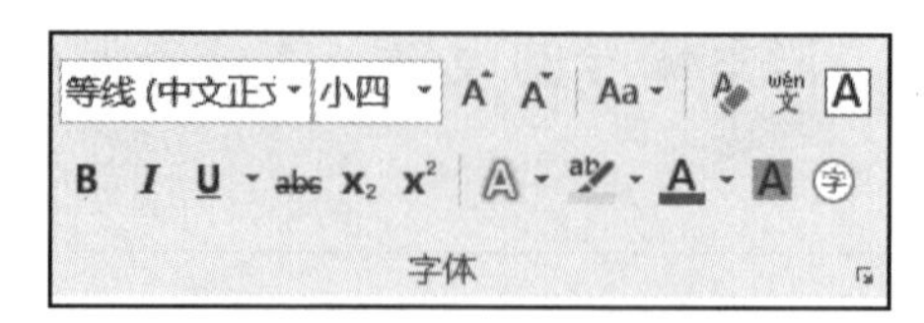

图7-30 “字体”组

“字体”组中的主要字符格式按钮和下拉列表框的作用如下。

- 等线 (中文正文) **下拉列表框**。单击右侧的下拉按钮，在弹出的下拉列表框中可为选中的字符设置字体样式。
- 小四 **下拉列表框**。单击右侧的下拉按钮，在弹出的下拉列表框中可以为选中的字符设置字体大小。
- B **按钮**。单击该按钮可将选中的字符设置为加粗字形。
- I **按钮**。单击该按钮可将选中的字符设置为倾斜字形。
- U **按钮**。单击该按钮可为选中的字符添加下划线；单击右侧的下拉按钮，还可在弹出的下拉列表框中设置下划线的形式及颜色。
- A **按钮**。单击该按钮可将选中的字符设置为系统默认的颜色；单击右侧的下拉按钮，还可在弹出的下拉列表框中设置其他颜色。

2. 认识“段落”组

在【开始】/【段落】组中可以快速设置常用段落格式，如图 7-31 所示。

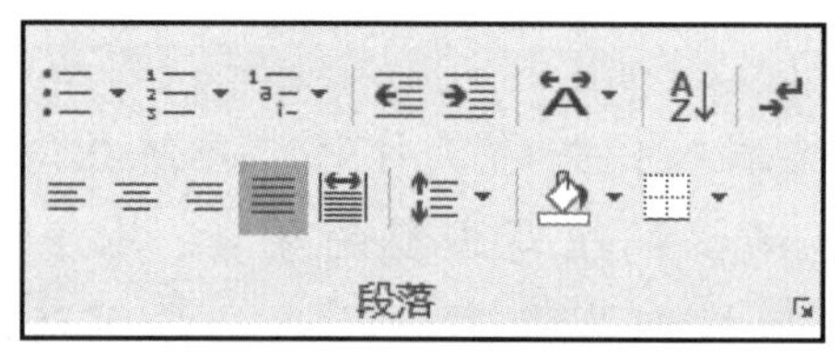

图7-31 “段落”组

“段落”组中的主要段落格式按钮的作用如下。

- **按钮**。单击该按钮可在选中的段落前添加系统默认的项目符号；单击右侧的下拉按钮，还可在弹出的下拉列表框中设置其他项目符号样式。
- **按钮**。单击该按钮可在选中的段落前添加系统默认的编号列表；单击右侧的下拉按钮，还可在弹出的下拉列表框中设置其他项目编号格式。
- **按钮和按钮**。单击前者可减少选中的段落的缩进量，单击后者可增加选中的段落的缩进量。
- **按钮和按钮**。单击前者可使选中的段落靠左对齐，单击后者可使选中的段落靠右对齐。
- **按钮和按钮**。单击前者可使选中的段落居中对齐；单击后者可使选中的段落两端对齐，即除该段最后一行文本外，所有行的文本将均匀分布在左右边距之间。

- **按钮**。单击该按钮，在弹出的下拉列表框中可设置选中段落的行间距。
- **按钮**。单击该按钮或该按钮右侧的下拉按钮，可为选中的段落添加底纹。
- **按钮**。单击该按钮可为选中的字符设置系统默认的边框；单击右侧的下拉按钮，还可在弹出的下拉列表框中设置其他边框样式。

任务实施

1. 设置字体格式

对于一篇录入完成的文档，后续首要工作是设置字体格式，以达到结构清晰和赏心悦目的目的。下面打开一篇录入了内容的“招聘启事”素材文档，在其中设置字体格式，使文档更加美观与醒目，其具体操作如下。

① 打开“招聘启事”素材文档，如图 7-32 所示（素材参见：素材文件\项目七\任务三\招聘启事 .docx）。

成都蓝宇科技工程师招聘启事
招聘职位：Java 高级开发工程师
工作性质：全职　　工作地点：成都
发布日期：2021 年 4 月 1 日　　截止日期：2021 年 5 月 10 日
招聘人数：5 人　　薪水：年薪 10~15 万
工作经验：2 年　　学历：本科以上
一、职位描述
岗位工作
负责 Java 程序开发。
按照公司的要求完成相应的编码以及相关文档。
协助市场人员完成一定的软件演示、技术答疑等相关任务。
维护和升级现有软件产品，快速定位并修复现有软件缺陷。
任职条件
计算机及相关专业，对 HTML5 有深入了解者优先，愿意学习及应用新技术。
熟悉 HTML5、CSS、JavaScript、Ajax 和 XML 等前端开发技术。
熟悉页面架构和布局，对 Web 标准和标签语义化有深入理解。
具备良好的编码风格和开发习惯，具备较好的技术文档编撰能力。
有较强的表达和沟通能力。
工作认真、积极主动、严谨、敬业，具备团队精神，能承受一定的工作压力。
二、公司简介
成都蓝宇科技有限责任公司成立于 2003 年，主要面向运营商、企业和移动终端用户提供跨平台多终端接入增值业务平台、多终端接入全套网络应用服务、全套增值业务系统解决方案和技术解决方案。目前，公司在移动通信增值业务方面形成了一系列产品，自主开发的产品在通信、金融、媒体、传统企业等领域得到了广泛应用。
三、应聘方式
邮寄方式
有意者请将自荐信、学历证明材料、简历（附 1 寸照片）于 2021 年 5 月 10 日前寄至成都市××南路 888 号，并写清联系地址、电话。收到材料后，一周内通知面试时间。
联系人：张小姐
联系电话：028-8888****
邮编：610000
电子邮件方式
有意者请将自荐信、学历、简历等以正文形式发送至 lanyu××× @lanyukj.com。
合则约见，拒绝来访。
成都蓝宇科技有限责任公司
2021 年 4 月 1 日

图7-32　打开“招聘启事”素材文档

② 选中文档的标题文本，在【开始】/【字体】组中单击“字体”下拉列表框右侧的下拉按钮，选择“黑体”选项（在 Word 2016 功能区中，当鼠标指针指向下拉列表框中的各选项时，在文档中便可预览设置效果并自动取消文本或段落的选中状态），如图 7-33 所示。

图7-33　设置标题字体

3 保持文本的选中状态，在【开始】/【字体】组的“字号”下拉列表框中选择“二号”选项，如图 7-34 所示。

4 设置完标题的字号后，选中其下方的“招聘职位”整行文本，在【开始】/【字体】组的“字号”下拉列表框中选择“小四”选项，然后单击“加粗”按钮 B 加粗文本，效果如图 7-35 所示。

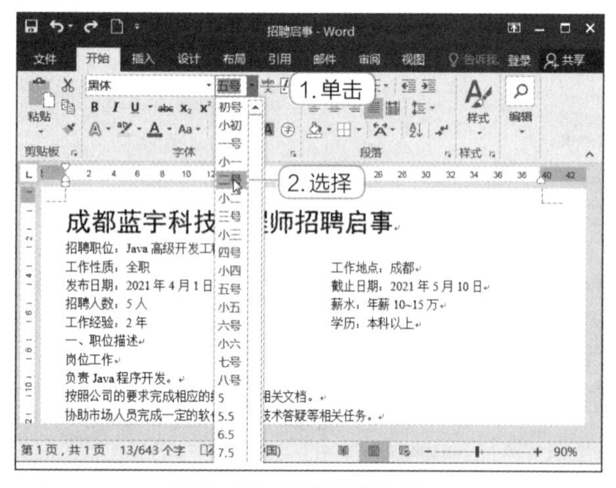

图7-34　设置标题字号

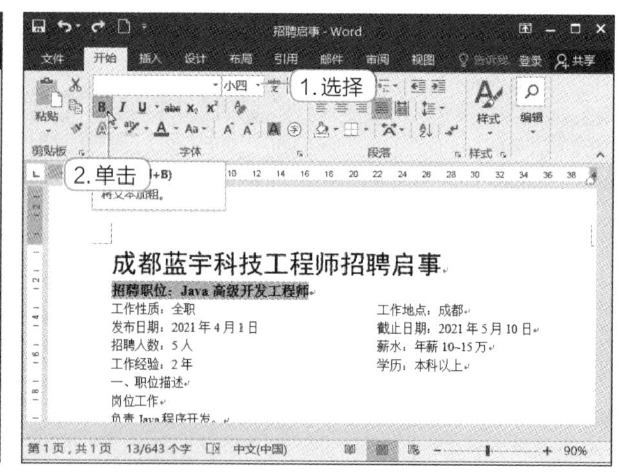

图7-35　设置文本字号并加粗

5 选中从“工作性质”到“工作经验”几个段落文本，在【开始】/【字体】组中单击对话框启动器按钮，打开“字体”对话框。单击“字体”选项卡，在“中文字体”下拉列表框中选择“楷体”选项，在“西文字体”下拉列表框中选择“Times New Roman”选项，单击 确定 按钮应用字体设置，如图 7-36 所示。

6 选中“一、职位描述”文本，设置字号为“小四”，加粗字体，然后单击“字体颜色”按钮 A 右侧的下拉按钮，在弹出的下拉列表框的“标准色”栏中选择红色，如图 7-37 所示。

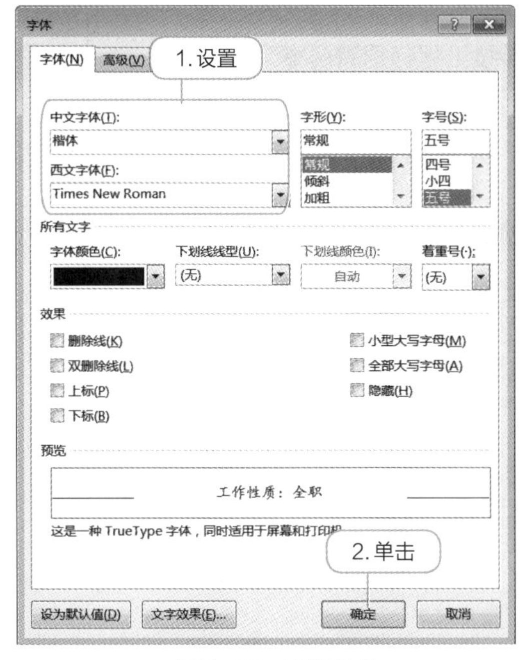

图7-36 设置字体

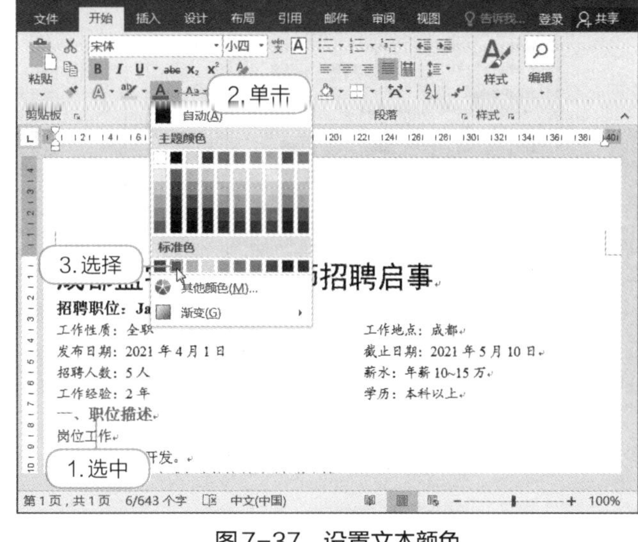

图7-37 设置文本颜色

7 选中“岗位工作”文本，加粗字体。

知识补充

在“字体”对话框中还可进行以下设置。

①在“字体”对话框中单击“字体”选项卡，在“效果”栏中可以勾选相应的复选框，为文本添加删除线和上标等效果。

②单击“高级”选项卡，可设置字符缩放比例和字符间距（加宽或紧缩），并可设置将字符提升或下降相应的位置，制作成上标或下标效果。

2. 设置段落缩进、间距和对齐方式

微课视频

设置段落缩进、间距和对齐方式

文档的对齐方式往往具有相应的规范，如标题应居中对齐、落款应右对齐等。设置段落缩进和间距，可使文档层次分明，便于阅读。下面先设置“招聘启事”文档中段落的缩进和间距，然后为文档的标题和落款设置对齐方式，其具体操作如下。

1 在“招聘启事”文档中选中除文档标题和落款外的所有段落文本，在【开始】/【段落】组中单击对话框启动器按钮，打开“段落”对话框。单击“缩进和间距”选项卡，在“特殊格式”下拉列表框中选择“首行缩进”选项，右侧的“缩进值”默认为“2 字符”，单击 确定 按钮，应用段落缩进设置，如图 7-38 所示。

2 单击文档编辑区的任意位置取消文本选中状态，效果如图 7-39 所示。

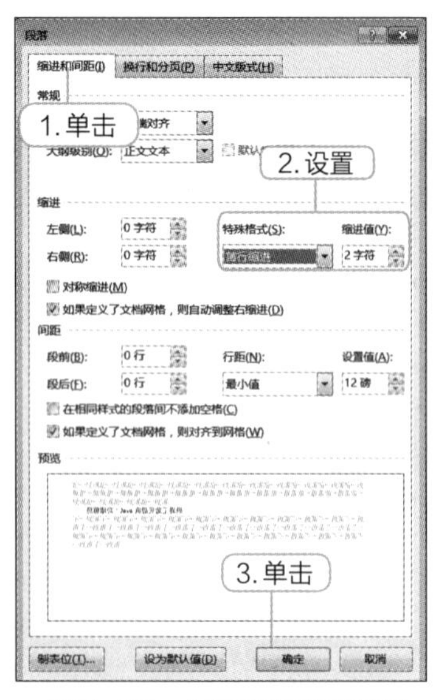

图7-38　设置段落首行缩进

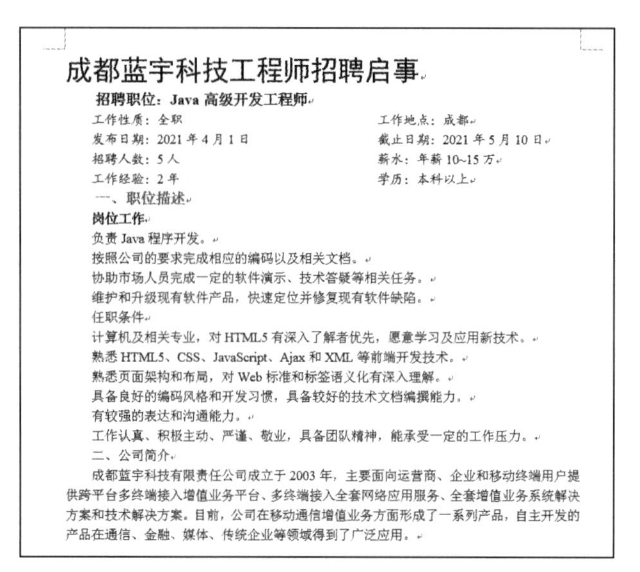

成都蓝宇科技工程师招聘启事

招聘职位：Java 高级开发工程师

工作性质：全职　　工作地点：成都

发布日期：2021 年 4 月 1 日　　截止日期：2021 年 5 月 10 日

招聘人数：5 人　　薪水：年薪 10~15 万

工作经验：2 年　　学历：本科以上

一、职位描述

岗位工作

负责 Java 程序开发。

按照公司的要求完成相应的编码以及相关文档。

协助市场人员完成一定的软件演示、技术答疑等相关任务。

维护和升级现有软件产品，快速定位并修复现有软件缺陷。

任职条件

计算机及相关专业，对 HTML5 有深入了解者优先，愿意学习及应用新技术。

熟悉 HTML5、CSS、JavaScript、Ajax 和 XML 等前端开发技术。

熟悉页面架构和布局，对 Web 标准和标签语义化有深入理解。

具备良好的编码风格和开发习惯，具备较好的技术文档编撰能力。

有较强的表达和沟通能力。

工作认真、积极主动、严谨、敬业，具备团队精神，能承受一定的工作压力。

二、公司简介

成都蓝宇科技有限责任公司成立于 2003 年，主要面向运营商、企业和移动终端用户提供跨平台多终端接入增值业务平台、多终端接入全套网络应用服务、全套增值业务系统解决方案和技术解决方案。目前，公司在移动通信增值业务方面形成了一系列产品，自主开发的产品在通信、金融、媒体、传统企业等领域得到了广泛应用。

图7-39　设置首行缩进后的效果

知识补充

在“特殊格式”下拉列表框中还可以选择“悬挂缩进”选项，即设置段落文本第 2 行及后面文本的缩进量。

3 选中“招聘职位”段落文本，在【开始】/【段落】组中单击对话框启动器按钮，打开“段落”对话框。单击“缩进和间距”选项卡，在“间距”栏的“段前”和“段后”数值框中分别录入“1 行”和“0.5 行”，单击 确定 按钮，如图 7-40 所示。

4 选中“岗位工作”下面的几个段落文本，拖曳水平标尺上的“首行缩进”滑块，使其虚线对齐到“岗位”两字右侧，如图 7-41 所示。

图7-40　设置段落间距

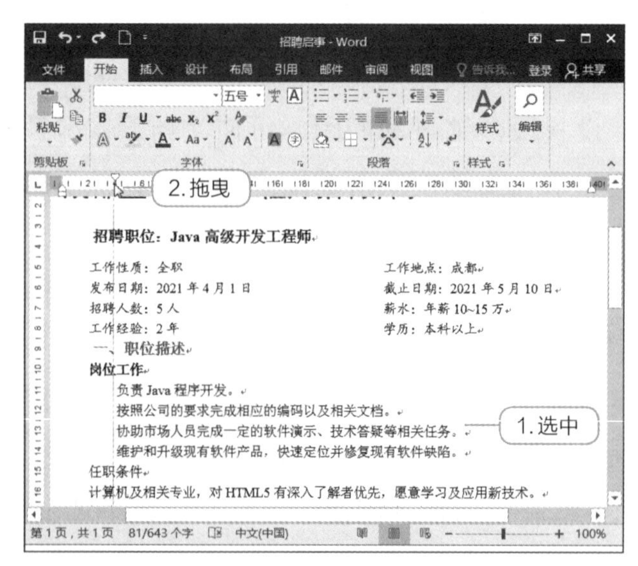

图7-41　修改首行缩进

5 选中“工作性质”到“工作经验”段落文本，在【开始】/【段落】组中单击“行和段落间距”按钮，在弹出的下拉列表框中选择“1.15”选项，如图 7-42 所示。

6 选中“一、职位描述”段落文本，在【开始】/【段落】组中单击“行和段落间距”按钮，在弹出的下拉列表框中选择“2.0”选项。

7 选中标题文本，在【开始】/【段落】组中单击“居中”按钮，将标题设置为居中对齐，如图 7-43 所示。

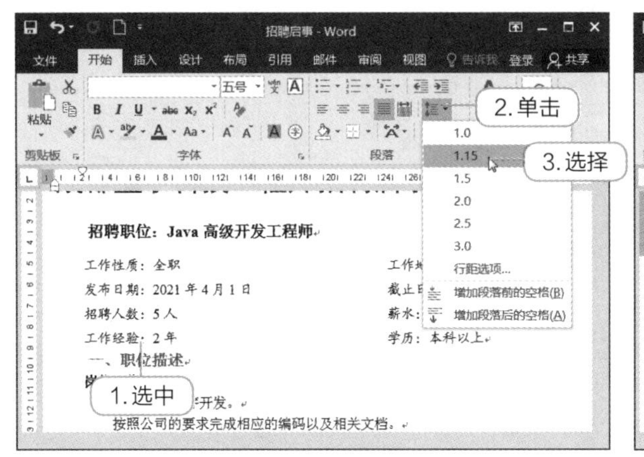

图7-42 设置行距

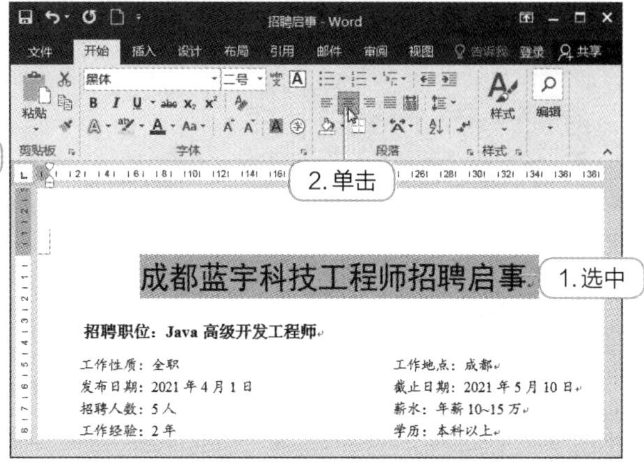

图7-43 设置标题居中对齐

8 选中两个落款段落文本，在【开始】/【段落】组中单击“右对齐”按钮，将落款设置为右对齐。

知识补充

要加大行距，也可以在“段落”对话框中单击“缩进和间距”选项卡，在“行距”下拉列表框中选择“1.5 倍行距”“2 倍行距”“多倍行距”等选项。

3. 设置边框和底纹

边框和底纹在文档中可以起装饰和美化的作用。下面在“招聘启事”文档中分别设置边框和底纹效果，其具体操作如下。

1 选中“招聘职位”到“工作经验”段落文本，在【开始】/【段落】组中单击“边框”按钮右侧的下拉按钮，在弹出的下拉列表框中选择“边框和底纹”选项，如图 7-44 所示。

2 打开“边框和底纹”对话框，单击“边框”选项卡，在“设置”栏中选择“自定义”选项，在“样式”列表框中选择边框线型为双波浪线，在“颜色”下拉列表框中选择“橙色”选项，在右侧的“预览”栏中可查看设置的效果，分别单击和按钮，表示只添加上、下框线，如图 7-45 所示。

在【开始】/【字体】组中单击“字符底纹”按钮A和在【开始】/【段落】组中单击“底纹”按钮，都可为文本添加底纹效果，但“字符底纹”按钮A不能选择底纹颜色。

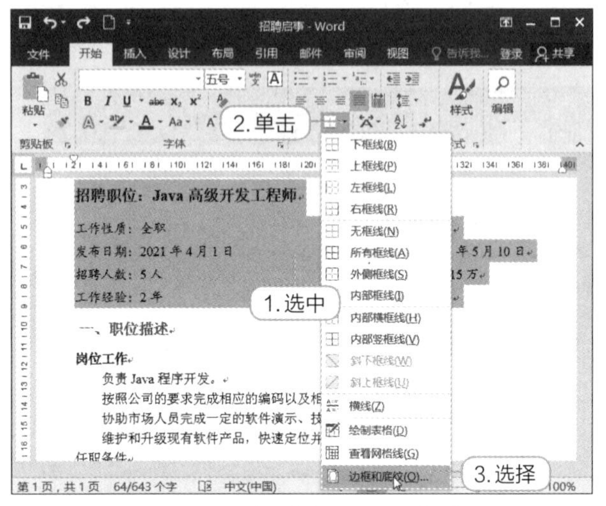

图7-44 选择“边框和底纹”选项

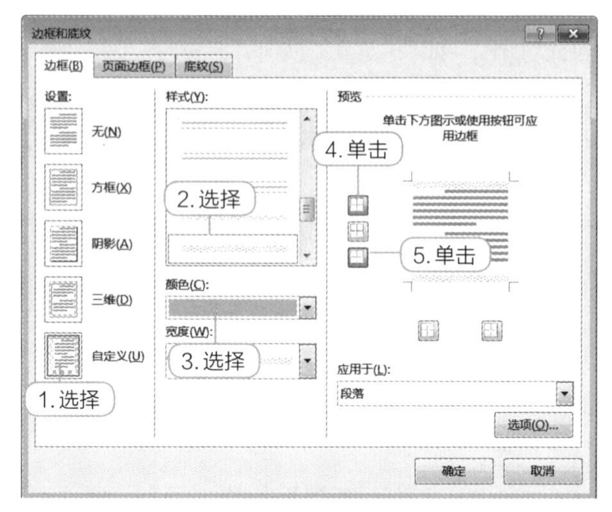

图7-45 设置边框

3 单击 确定 按钮，应用边框效果，效果如图7-46所示。

4 选中“合则约见，拒绝来访。”文本，在【开始】/【段落】组中单击“底纹”按钮右侧的下拉按钮，在弹出的下拉列表框中选择浅灰色，如图7-47所示。

若要自定义底纹的颜色，可在【开始】/【段落】组中单击“底纹”按钮右侧的下拉按钮，在弹出的下拉列表框中选择“其他颜色”选项，打开“颜色”对话框，在其中详细设置。

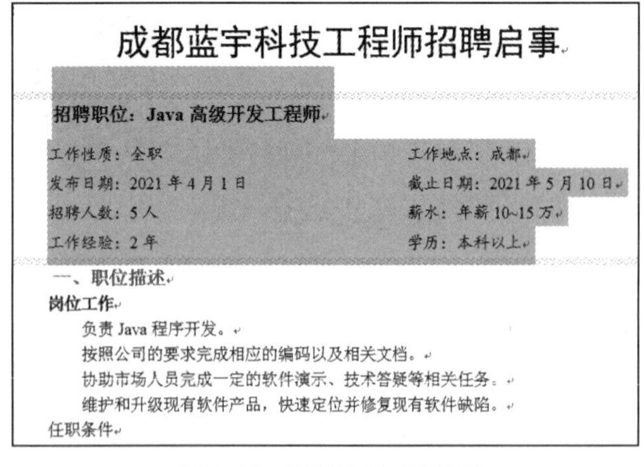

图7-46 设置边框后的效果

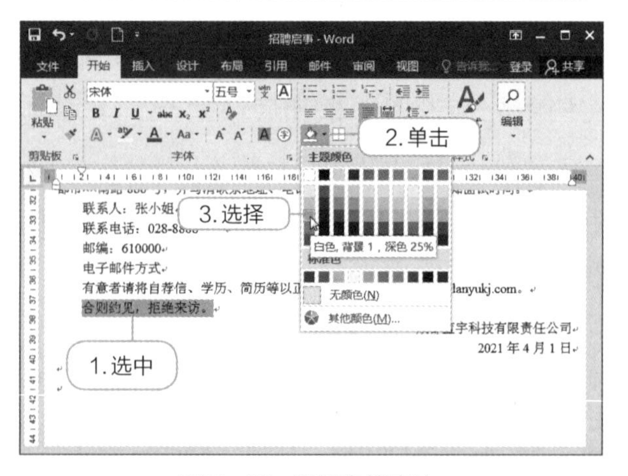

图7-47 设置字符底纹

4. 添加项目符号和编号

对于文档中一些具有并列关系或具有前后顺序关系的段落文本，可以为其添加项目符号和编号，比直接录入符号或编号更快捷、方便。下面先在“岗位工作”标题前添加菱形项目符号，然后给其下的内容添加编号，其具体操作如下。

1 选中“岗位工作”文本，在【开始】/【段落】组中单击“项目符号”按钮右侧的下拉按钮，在弹出的下拉列表框中选择“菱形”选项，如图 7-48 所示。

2 选中“岗位工作”标题下面的内容文本，在【开始】/【段落】组中单击“编号”按钮右侧的下拉按钮，在弹出的下拉列表框中选择图 7-49 所示的编号。

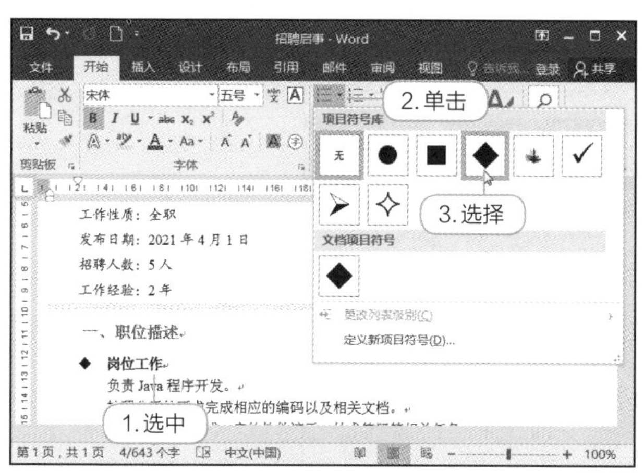

图7-48 设置项目符号

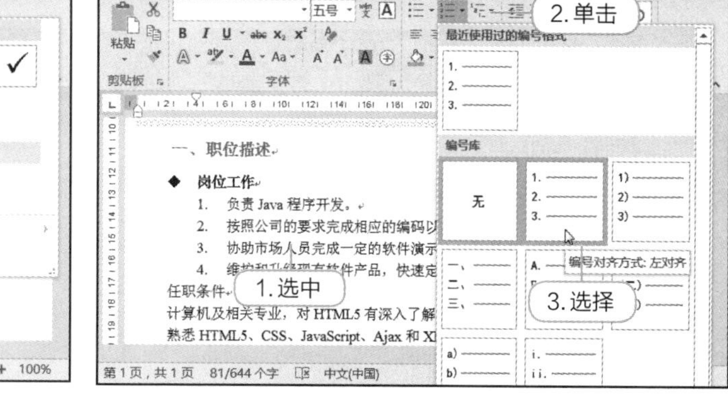

图7-49 设置编号

3 用相同的方法为“任职条件”标题下面的内容添加数字编号，然后设置首行缩进两个字符，使其与“岗位工作”下面的段落样式一致。

5. 使用“格式刷”复制格式

为了避免重复的操作，在 Word 中可利用格式刷快速复制格式。下面在“招聘启事”文档中快速复制格式，其具体操作如下。

1 将光标插入点定位到“一、职位描述”文本中，在【开始】/【剪贴板】组中双击“格式刷”按钮，此时鼠标指针变成形状，选中要应用格式的“二、公司简介”和“三、应聘方式”文本，便可将相同的格式应用到选中的文本，如图 7-50 所示。

2 在【开始】/【剪贴板】组中单击“格式刷”按钮，退出格式刷状态。

3 将光标插入点定位到“岗位工作”的文本中，在【开始】/【剪贴板】组中双击“格式刷”按钮，选中要应用格式的“任职条件”“邮寄方式”“电子邮件方式”文本，便可将相同的格式应用到选中的文本，如图 7-51 所示。

4 在【开始】/【剪贴板】组中单击“格式刷”按钮，退出格式刷状态。

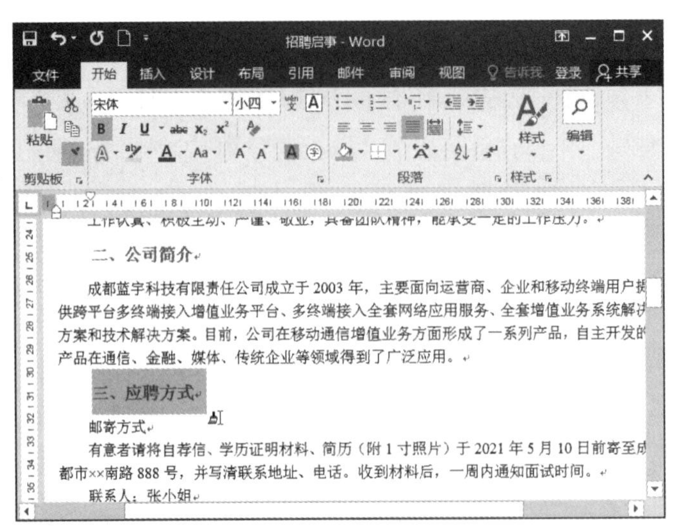

图7-50　复制字体和段落格式

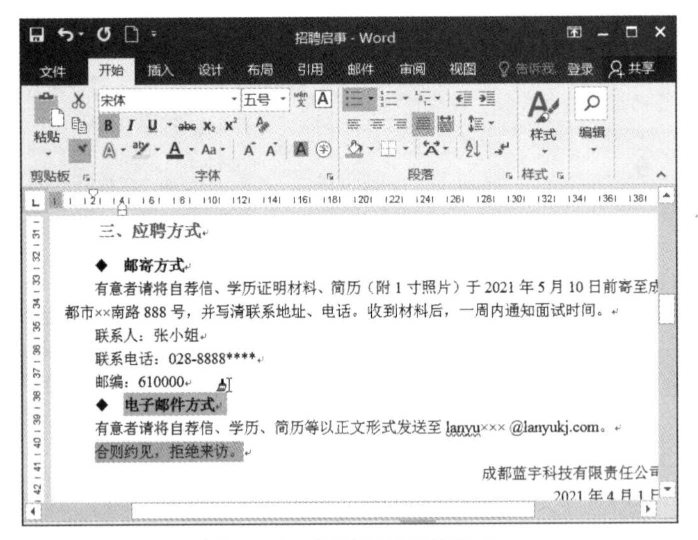

图7-51　复制项目符号格式

5 保存文档，完成本例的制作（最终效果参见：效果文件 \ 项目七 \ 任务三 \ 招聘启事 .docx）。

实训一　制作“会议纪要”文档

【实训要求】

制作“会议纪要”文档

柯蓝科技公司的总经理和各部门经理在 2021 年 3 月 14 日针对下个季度的销售举行了例行会议，期间重点强调了二季度的工作重点、相关负责人、管理问题、可能面临的问题等。请在会议结束后制作一份“会议纪要”文档，要求遵守会议纪要格式，用词准确，不遗漏重点。

【实训思路】

会议纪要是用于记载、传达会议情况和拟定事项的行政公文。本实训首先新建一个空白文档并将会议纪要的内容录入该文档中（素材参见：素材文件 \ 项目七 \ 实训一 \ 会议纪要 .docx），然后对文档进行简单设置，标题可以使用二号黑体加粗并居中突出显示，正文使用小四号宋体，最后对文本进行校对和修改。本实训的参考效果如图 7-52 所示。

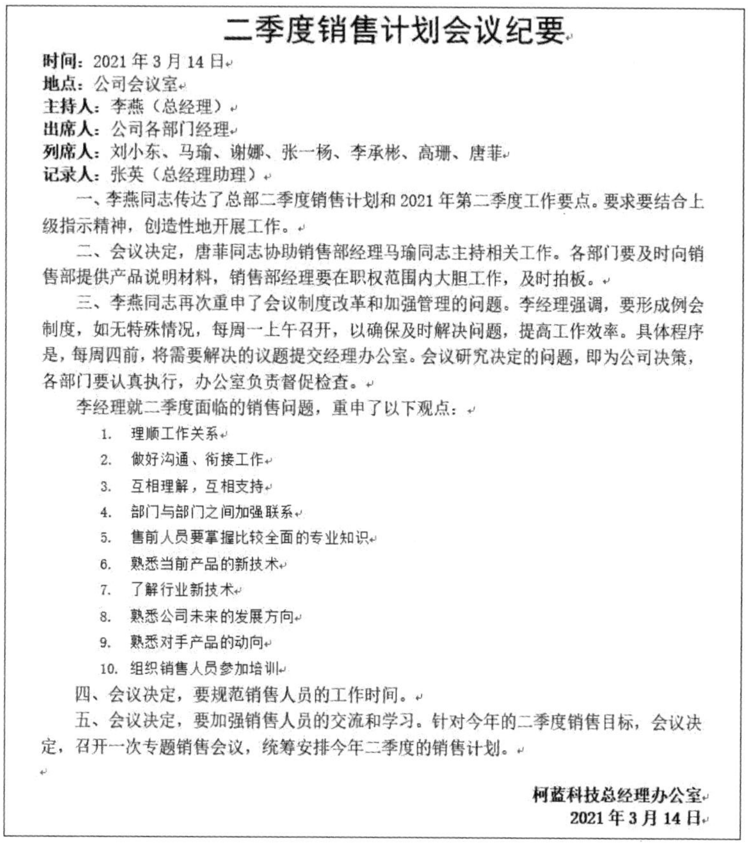

二季度销售计划会议纪要

时间：2021 年 3 月 14 日

地点：公司会议室

主持人：李燕（总经理）

出席人：公司各部门经理

列席人：刘小东、马瑜、谢娜、张一杨、李承彬、高珊、唐菲

记录人：张英（总经理助理）

一、李燕同志传达了总部二季度销售计划和 2021 年第二季度工作要点。要求要结合上级指示精神，创造性地开展工作。

二、会议决定，唐菲同志协助销售部经理马瑜同志主持相关工作。各部门要及时向销售部提供产品说明材料，销售部经理要在职权范围内大胆工作，及时拍板。

三、李燕同志再次重申了会议制度改革和加强管理的问题。李经理强调，要形成例会制度，如无特殊情况，每周一上午召开，以确保及时解决问题，提高工作效率。具体程序是，每周四前，将需要解决的议题提交经理办公室。会议研究决定的问题，即为公司决策，各部门要认真执行，办公室负责督促检查。

李经理就二季度面临的销售问题，重申了以下观点：

1. 理顺工作关系
2. 做好沟通、衔接工作
3. 互相理解，互相支持
4. 部门与部门之间加强联系
5. 售前人员要掌握比较全面的专业知识
6. 熟悉当前产品的新技术
7. 了解行业新技术
8. 熟悉公司未来的发展方向
9. 熟悉对手产品的动向
10. 组织销售人员参加培训

四、会议决定，要规范销售人员的工作时间。

五、会议决定，要加强销售人员的交流和学习。针对今年的二季度销售目标，会议决定，召开一次专题销售会议，统筹安排今年二季度的销售计划。

柯蓝科技总经理办公室

2021 年 3 月 14 日

图7-52 “会议纪要”文档

【步骤提示】

❶ 启动 Word 2016 程序，在新建的空白文档中分别录入会议纪要标题、正文、落款等。

❷ 在【开始】/【字体】组中将标题设置为“黑体”“二号”，再在【开始】/【段落】组中设置居中对齐。

❸ 选中全部正文，将其字体设置为“宋体”“小四”。选中“时间：”“地点：”“主持人：”等，将其字体加粗。

❹ 利用“段落”对话框将所有正文段落设置为首行缩进两个字符，利用“标尺”滑块将重申的内容对齐“经理”文本，再在【开始】/【段落】组中为其设置数字编号。

❺ 在【开始】/【段落】组中将落款设置为右对齐。

❻ 对文档内容进行校对和修改，完成制作（最终效果参见：效果文件 \ 项目七 \ 实训一 \ 会议纪要 .docx）。

实训二　编辑“考勤管理制度”文档

【实训要求】

打开提供的素材文档（素材参见：素材文件 \ 项目七 \ 实训二 \ 考勤管理制度 .docx），该文档为一篇某广告公司即将实行的考勤管理制度，需要设置标题和落款的对齐方式，修改段落的缩进和小标题的行距等，使文档条理清晰。文档中的时间存在错误，要求使用 Word 的替换功能将年份改为“2021 年”，其编辑前后对比效果如图 7-53 所示。

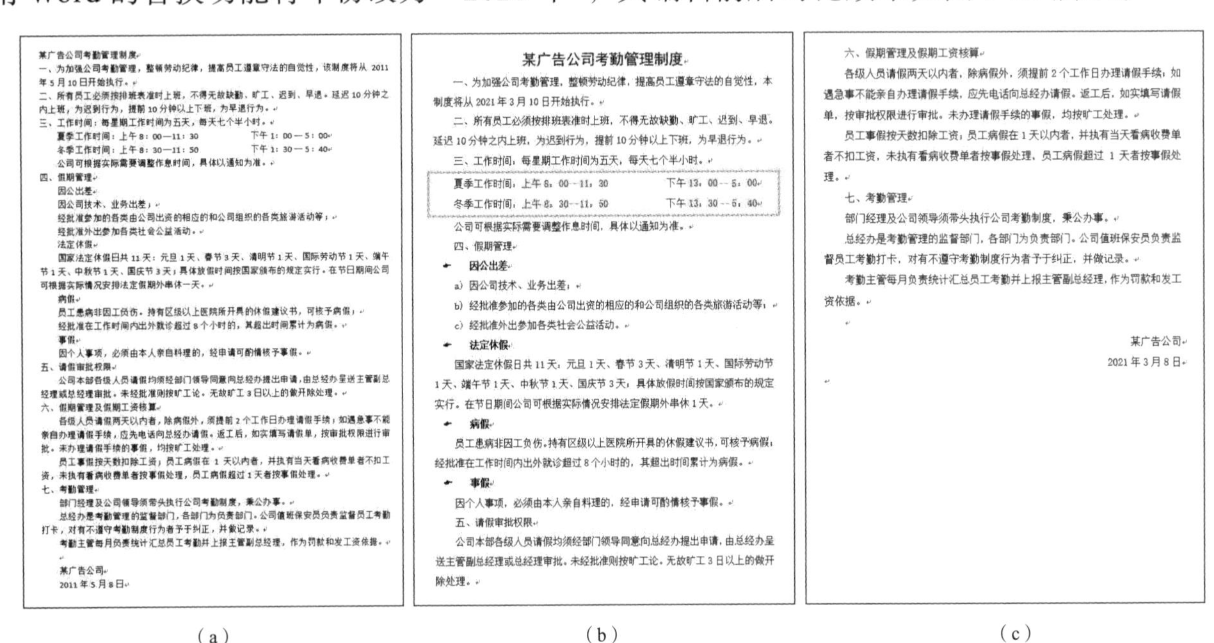

某广告公司考勤管理制度
一、为加强公司考勤管理，整顿劳动纪律，提高员工遵章守法的自觉性，该制度将从 2011 年 5 月 10 日开始执行。
二、所有员工必须按排班表准时上班，不得无故缺勤、旷工、迟到、早退。延迟 10 分钟之内上班，为迟到行为，提前 10 分钟以上下班，为早退行为。
三、工作时间：每星期工作时间为五天，每天七个半小时。
夏季工作时间：上午 8：00—11：30　　下午 1：00—5：00
冬季工作时间：上午 8：30—11：50　　下午 1：30—5：40
公司可根据实际需要调整作息时间，具体以通知为准。
四、假期管理
因公出差
因公司技术、业务出差；
经批准参加的各类由公司出资的相应的和公司组织的各类旅游活动等；
经批准外出参加各类社会公益活动。
法定休假
国家法定休假日共 11 天：元旦 1 天、春节 3 天、清明节 1 天、国际劳动节 1 天、端午节 1 天、中秋节 1 天、国庆节 3 天；具体放假时间按国家颁布的规定实行。在节日期间公司可根据实际情况安排法定假期外串休一天。
病假
员工患病非因工负伤。持有区级以上医院所开具的休假建议书，可核予病假；
经批准在工作时间内出外就诊超过 8 个小时的，其超出时间累计为病假。
事假
因个人事项，必须由本人亲自料理的，经申请可酌情核予事假。
五、请假审批权限
公司本部各级人员请假均须经部门领导同意向总经办提出申请，由总经办呈送主管副总经理或总经理审批。未经批准则按旷工论。无故旷工 3 日以上的做开除处理。
六、假期管理及假期工资核算
各级人员请假两天以内者，除病假外，须提前 2 个工作日办理请假手续；如遇急事不能亲自办理请假手续，应先电话向总经办请假。返工后，如实填写请假单，按审批权限进行审批。未办理请假手续的事假，均按旷工处理。
员工事假按天数扣除工资；员工病假在 1 天以内者，并执有当天看病收费单者不扣工资，未执有看病收费单者按事假处理，员工病假超过 1 天者按事假处理。
七、考勤管理
部门经理及公司领导须带头执行公司考勤制度，秉公办事。
总经办是考勤管理的监督部门，各部门为负责部门。公司值班保安员负责监督员工考勤打卡，对有不遵守考勤制度行为者予于纠正，并做记录。
考勤主管每月负责统计汇总员工考勤并上报主管副总经理，作为罚款和发工资依据。

某广告公司
2011 年 5 月 8 日

（a）

某广告公司考勤管理制度

一、为加强公司考勤管理，整顿劳动纪律，提高员工遵章守法的自觉性，本制度将从 2021 年 3 月 10 日开始执行。
二、所有员工必须按排班表准时上班，不得无故缺勤、旷工、迟到、早退。延迟 10 分钟之内上班，为迟到行为，提前 10 分钟以上下班，为早退行为。
三、工作时间：每星期工作时间为五天，每天七个半小时。
夏季工作时间：上午 8：00—11：30　　下午 13：00—5：00
冬季工作时间：上午 8：30—11：50　　下午 13：30—5：40
公司可根据实际需要调整作息时间，具体以通知为准。
四、假期管理
- 因公出差
a）因公司技术、业务出差；
b）经批准参加的各类由公司出资的相应的和公司组织的各类旅游活动等；
c）经批准外出参加各类社会公益活动。
- 法定休假
国家法定休假日共 11 天：元旦 1 天、春节 3 天、清明节 1 天、国际劳动节 1 天、端午节 1 天、中秋节 1 天、国庆节 3 天；具体放假时间按国家颁布的规定实行。在节日期间公司可根据实际情况安排法定假期外串休 1 天。
- 病假
员工患病非因工负伤。持有区级以上医院所开具的休假建议书，可核予病假；经批准在工作时间内出外就诊超过 8 个小时的，其超出时间累计为病假。
- 事假
因个人事项，必须由本人亲自料理的，经申请可酌情核予事假。
五、请假审批权限
公司本部各级人员请假均须经部门领导同意向总经办提出申请，由总经办呈送主管副总经理或总经理审批。未经批准则按旷工论。无故旷工 3 日以上的做开除处理。

（b）

六、假期管理及假期工资核算
各级人员请假两天以内者，除病假外，须提前 2 个工作日办理请假手续；如遇急事不能亲自办理请假手续，应先电话向总经办请假。返工后，如实填写请假单，按审批权限进行审批。未办理请假手续的事假，均按旷工处理。
员工事假按天数扣除工资；员工病假在 1 天以内者，并执有当天看病收费单者不扣工资，未执有看病收费单者按事假处理，员工病假超过 1 天者按事假处理。
七、考勤管理
部门经理及公司领导须带头执行公司考勤制度，秉公办事。
总经办是考勤管理的监督部门，各部门为负责部门。公司值班保安员负责监督员工考勤打卡，对有不遵守考勤制度行为者予于纠正，并做记录。
考勤主管每月负责统计汇总员工考勤并上报主管副总经理，作为罚款和发工资依据。

某广告公司
2021 年 3 月 8 日

（c）

图7-53　“考勤管理制度”文档编辑前后的对比效果

【实训思路】

本实训可综合运用前面所学知识对文档进行编辑，编辑时将运用到替换操作、“开始”选项卡、“字体”对话框、“段落”对话框等相关知识点。

编辑“考勤管理制度”文档

【步骤提示】

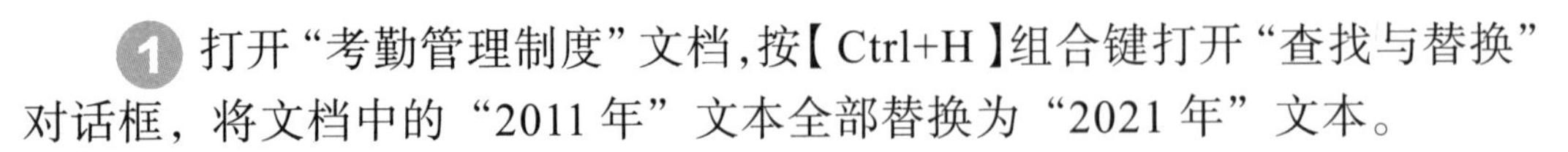

❶ 打开“考勤管理制度”文档，按【Ctrl+H】组合键打开“查找与替换”对话框，将文档中的“2011 年”文本全部替换为“2021 年”文本。

❷ 在【开始】/【字体】组中将标题设置为“黑体”“小二”“居中”。

❸ 选中全部正文，设置字号为“小四”，再设置段落行距为“1.5 倍行距”，段落首行缩进两个字符。

❹ 选中“三、工作时间”段落下的内容，为其设置字体颜色，并打开“边框和底纹”对话框，在“底纹”选项卡中为其添加“橙色”“方框”“斜纹边样式”边框。

5 选中“因公出差”等小标题，为其添加项目符号样式，然后为“因公出差”下面的内容添加英文编号。

6 参照前面给出的效果，对文档使用格式刷复制格式并进行调整，完成制作（最终效果参见：效果文件 \ 项目七 \ 实训二 \ 考勤管理制度 .docx）。

课后练习

（1）创建一篇空白文档，录入图 7-54 所示的内容，保存为“工作计划 .docx”文档。

（2）在录入内容后的文档中进行字符和段落格式的设置。标题格式为“黑体”“小二”“居中”；正文格式为“宋体”“五号”“1.15 倍行距”；小标题格式为“宋体”“小三”“加粗”“编号”；“销量指标”下的内容添加红色边框，任务数字为红色；“计划拟定”和“技术交流”下的内容添加“菱形”项目符号。设置后的效果如图 7-55 所示（最终效果参见：效果文件 \ 项目七 \ 课后练习 \ 工作计划 .docx）。

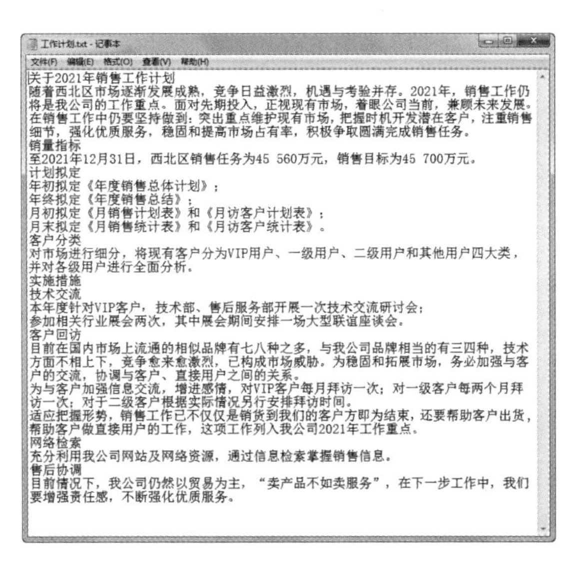

工作计划.txt - 记事本

文件(F) 编辑(E) 格式(O) 查看(V) 帮助(H)

关于2021年销售工作计划
随着西北区市场逐渐发展成熟，竞争日益激烈，机遇与考验并存。2021年，销售工作仍将是我公司的工作重点。面对先期投入，正视现有市场，着眼公司当前，兼顾未来发展。在销售工作中仍要坚持做到：突出重点维护现有市场，把握时机开发潜在客户，注重销售细节，强化优质服务，稳固和提高市场占有率，积极争取圆满完成销售任务。
销量指标
至2021年12月31日，西北区销售任务为45 560万元，销售目标为45 700万元。
计划拟定
年初拟定《年度销售总体计划》；
年终拟定《年度销售总结》；
月初拟定《月销售计划表》和《月访客户计划表》；
月末拟定《月销售统计表》和《月访客户统计表》。
客户分类
对市场进行细分，将现有客户分为VIP用户、一级用户、二级用户和其他用户四大类，并对各级用户进行全面分析。
实施措施
技术交流
本年度针对VIP客户，技术部、售后服务部开展一次技术交流研讨会；
参加相关行业展会两次，其中展会期间安排一场大型联谊座谈会。
客户回访
目前在国内市场上流通的相似品牌有七八种之多，与我公司品牌相当的有三四种，技术方面不相上下，竞争愈来愈激烈，已构成市场威胁。为稳固和拓展市场，务必加强与客户的交流，协调与客户、直接用户之间的关系。
为与客户加强信息交流，增进感情，对VIP客户每月拜访一次；对一级客户每两个月拜访一次；对于二级客户根据实际情况另行安排拜访时间。
适应把握形势，销售工作已不仅仅是销货到我们的客户方即为结束，还要帮助客户出货，帮助客户做直接用户的工作，这项工作列入我公司2021年工作重点。
网络检索
充分利用我公司网站及网络资源，通过信息检索掌握销售信息。
售后协调
目前情况下，我公司仍然以贸易为主，“卖产品不如卖服务”，在下一步工作中，我们要增强责任感，不断强化优质服务。

图 7-54 录入文档内容

关于 2021 年销售工作计划

随着西北区市场逐渐发展成熟，竞争日益激烈，机遇与考验并存。2021 年，销售工作仍将是我公司的工作重点。面对先期投入，正视现有市场，着眼公司当前，兼顾未来发展。在销售工作中仍要坚持做到：突出重点维护现有市场，把握时机开发潜在客户，注重销售细节，强化优质服务，稳固和提高市场占有率，积极争取圆满完成销售任务。

一、 销量指标

至 2021 年 12 月 31 日，西北区销售任务为 45 560 万元，销售目标为 45 700 万元。

二、 计划拟定

◆ 年初拟定《年度销售总体计划》；
◆ 年终拟定《年度销售总结》；
◆ 月初拟定《月销售计划表》和《月访客户计划表》；
◆ 月末拟定《月销售统计表》和《月访客户统计表》。

三、 客户分类

对市场进行细分，将现有客户分为 VIP 用户、一级用户、二级用户和其他用户四大类，并对各级用户进行全面分析。

四、 实施措施

1. 技术交流

◆ 本年度针对 VIP 客户，技术部、售后服务部开展一次技术交流研讨会；
◆ 参加相关行业展会两次，其中展会期间安排一场大型联谊座谈会。

2. 客户回访

目前在国内市场上流通的相似品牌有七八种之多，与我公司品牌相当的有三四种，技术方面不相上下，竞争愈来愈激烈，已构成市场威胁。为稳固和拓展市场，务必加强与客户的交流，协调与客户、直接用户之间的关系。

为与客户加强信息交流，增进感情，对 VIP 客户每月拜访一次；对一级客户每两个月拜访一次；对于二级客户根据实际情况另行安排拜访时间。

适应把握形势，销售工作已不仅仅是销货到我们的客户方即为结束，还要帮助客户出货，帮助客户做直接用户的工作，这项工作列入我公司 2021 年工作重点。

3. 网络检索

充分利用我公司网站及网络资源，通过信息检索掌握销售信息。

4. 售后协调

目前情况下，我公司仍然以贸易为主，“卖产品不如卖服务”，在下一步工作中，我们要增强责任感，不断强化优质服务。

图 7-55 编辑《工作计划》文档后的效果

技能提升

1. 在 Word 中添加其他样式的项目符号

在【开始】/【段落】组中单击“项目符号”按钮右侧的下拉按钮，在弹出的下拉列表框中选择“定义新项目符号”选项，打开“定义新项目符号”对话框，单击符号(S)...按钮，打开“符号”对话框，可选择程序自带的符号作为新项目符号；单击图片(P)...按钮，打开“插入图片”对话框，可选择上网搜索或导入的图片作为新项目符号。

2. 在 Word 中录入公式

在【插入】/【符号】组中单击“公式”按钮下方的下拉按钮，在弹出的下拉列表框中选择“插入新公式”选项，在光标插入点处插入公式编辑框，并打开“公式工具 - 设计”选项卡，即可使用选项卡中的内容录入公式。

3. 会议纪要和会议记录的区别

会议纪要与会议记录是两个不同的概念，两者主要有以下区别。

- **性质不同**。会议纪要是一种较正式的公务文书，其撰写与制作属于应用文写作和公文处理的范畴，必须遵循应用文写作的一般规律，严格按照公文制发处理程序进行；而会议记录则属于事务文书，需真实地记载会议实况，保证记录的原始性、完整性、准确性，其记录的目的和格式与公文写作完全不同。
- **载体样式不同**。会议纪要作为一种正式公文，其载体为文件；会议记录的载体是会议记录簿。
- **功能不同**。会议纪要通常要在一定范围内传达或传阅，要求贯彻执行；会议记录一般不公开，无须传达或传阅，只作为资料存档。
- **适用对象不同**。会议纪要主要用于传达告知，因而有明确的读者对象；会议记录作为历史资料，一般只提供小范围查阅。

4. 如何选择合适的文档字体

使用恰当的文档字体可以使编辑的文档更加专业和美观，不同类型的文档需要注意字体与版面气质吻合；对于录入的相关工作来说，事务类文档比较多，而这类文档又大都属于公文，字体有严格的使用规范。以下几种格式为参考设置。

- 文档的大标题（也称文头）可以使用黑体、微软雅黑、方正大标宋、方正小标宋、创艺简标宋、华文中宋等字体，字号可以使用初号、小初号、一号等。
- 正文开头和每一段落首行空两个字，回行时顶格。
- 主题词、称呼、正文、落款等一般用三号或四号的仿宋或宋体。
- 文档中的数字一般使用阿拉伯数字，其他重点内容可使用黑体表示。

项目八 文档排版和打印

情景导入

老洪：米拉，我看了你制作的“展会宣传单”文档，文字内容已经没有问题了，不过版式需要重新设计，可以添加一些图片增加吸引力。

米拉：我已经试过了，但插入图片后，因为图片太大没办法移动，所以我把图片都删了。

老洪：可能是你没有设置图片的格式，像“展会宣传单”这类用于展示的文档，图片需要经过适当剪裁和调整才能使用。

米拉：原来如此，我明白了。

老洪：完成后，把“企业文件管理制度”文档也打印一下，一起拿来给我。

米拉：好的，我现在就去。

学习目标

- 掌握设置Word文档版式的方法
- 掌握在Word文档中插入图片和表格的方法
- 掌握设置Word文档页面的方法
- 掌握打印Word文档的方法

技能目标

- 掌握“展会宣传单”文档的排版方法
- 掌握打印“企业文件管理制度”文档的方法

任务一　制作“展会宣传单”文档

宣传单是推广产品的手段之一。它能非常有效地把企业形象、产品、服务等信息展示给大众，能非常详细地说明产品的功能、诠释企业的文化理念、告知展会的信息等。宣传单现在已广泛运用于展会招商宣传、房产招商、楼盘销售宣传、学校招生宣传、产品推介、宾馆酒店宣传、产品上市宣传等。

任务目标

本任务使用 Word 制作“展会宣传单”文档。打开素材文档，对素材文档进行分栏排版，插入图片，绘制表格。通过对本任务的学习，有助于掌握在 Word 中编排文档的基本方法。本任务完成后的最终效果如图 8-1 所示。

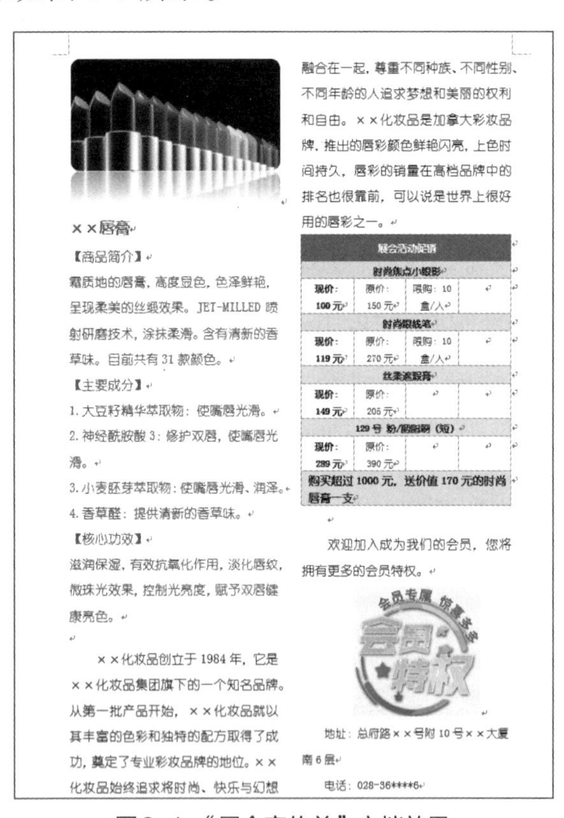

××唇膏

【商品简介】

霜质地的唇膏，高度显色，色泽鲜艳，呈现柔美的丝缎效果。JET-MILLED 喷射研磨技术，涂抹柔滑。含有清新的香草味。目前共有 31 款颜色。

【主要成分】

1. 大豆籽精华萃取物：使嘴唇光滑。
2. 神经酰胺酸 3：修护双唇，使嘴唇光滑。
3. 小麦胚芽萃取物：使嘴唇光滑、润泽。
4. 香草醛：提供清新的香草味。

【核心功效】

滋润保湿，有效抗氧化作用，淡化唇纹，微珠光效果，控制光亮度，赋予双唇健康亮色。

××化妆品创立于 1984 年，它是××化妆品集团旗下的一个知名品牌。从第一批产品开始，××化妆品就以其丰富的色彩和独特的配方取得了成功，奠定了专业彩妆品牌的地位。××化妆品始终追求将时尚、快乐与幻想融合在一起，尊重不同种族、不同性别、不同年龄的人追求梦想和美丽的权利和自由。××化妆品是加拿大彩妆品牌，推出的唇彩颜色鲜艳闪亮，上色时间持久，唇彩的销量在高档品牌中的排名也很靠前，可以说是世界上很好用的唇彩之一。

展会活动促销			
时尚焦点小银影			
现价：100 元	原价：150 元	限购：10 盒/人	
时尚眼线笔			
现价：119 元	原价：270 元	限购：10 盒/人	
丝柔遮瑕膏			
现价：149 元	原价：205 元		
129 号 粉/眼影刷（短）			
现价：289 元	原价：390 元		
购买超过 1000 元，送价值 170 元的时尚唇膏一支			

欢迎加入成为我们的会员，您将拥有更多的会员特权。

会员专属 惊喜多多

会员特权

地址：总府路××号附 10 号××大厦南 6 层

电话：028-36****6

图8-1 “展会宣传单”文档效果

职业素养

在实际工作中，编辑文档时涉及的图片和文字信息应基于事实，数据应真实可靠，不弄虚作假，舆论导向要正确。

相关知识

页面中的内容都具有各自的意义和作用，准确无误地将这些内容表现出来，是对排版设计的基本要求。

1. 通过分栏调整内容

一篇内容丰富的文档中，通常会有很多具有共同作用和意义的部分。针对这些内容，既可以将其划分为一组进行展示，也可以分别予以展示。但在划分组别之前，必须明确同组内容之间的共同点。以上要求，可以通过“分栏”功能实现。分栏主要有以下两个作用。

（1）划分组别

邻近的内容更能让人感到一种强烈的关联性。在一篇文档中，通常是将相近的内容就近安排，而不同的内容则安排在较远的位置。如果文档中同时存在多张图片、多个标题、多段说明文字等内容，那么可以先将这些内容根据相互之间的关联性整合为组，这样就可以将其与不同的内容区分开。图 8-2 所示的内容陈列简单，基本不能让人感受到文字与图片之间的关联性。

图8-2　简单陈列组合

将同一范畴的内容分栏，安排成一组，即将“男士香水”的标题、图片、文字说明安排在一栏，将“女士香水”的标题、图片、文字说明安排在另一栏，这样的排列更能体现文字与图片的关系，如图 8-3 所示。

图8-3　分栏组合

知识补充

要对分栏的页面添加分隔线，可在【布局】/【页面设置】组中单击“分栏”按钮，在弹出的下拉列表框中选择“更多分栏”选项，在打开的“分栏”对话框中勾选“分隔线”复选框。

（2）划分区域

对于不同的内容，只要能将它们明确地区分开即可。通过边框线可以将内容分隔成正文区域和补充性区域，如图 8-4 所示。除了使用边框线来区分外，还可以使用不同的字体颜色或底纹来区分，如图 8-5 所示。

什么是香水

香水是一种混合了香精油、固定剂与酒精或乙酸乙酯的液体，用来让物体（通常是人体部位）拥有持久且怡人的气味。

精油取自花草植物，用蒸馏法或脂吸法萃取，也可使用带有香味的有机物。固定剂用来将各种不同的香料结合在一起，包括香脂、龙涎香及麝香猫与麝鹿身上腺体的分泌物。酒精或乙酸乙酯浓度则取决于是香水、淡香水还是古龙水。香水的保存期限通常是五年。

分辨真假

① 每瓶香水都有生产批号。不管是正版标准装还是小样，在瓶底都有张透明塑料纸，上有品名、规格和产地介绍；假香水没这张纸，也没刻纹。

② 正版香水瓶底和外包装盒底有统一编号，假如瓶底是GC118，盒底也一定是GC118。假香水瓶底和盒底没有编号。

③ 如果你以前用过这款香水，那么对其香味一定很熟悉，你可以在用的时候感觉一下它的基调是否一样；仿的香水一般前调比较像，而到了后调味道就有区别了。

④ 注意香水瓶的密封情况，瓶口与瓶盖要严密无间隙。正品香水包装整齐，图案清晰，瓶外观无裂纹等。原装品牌香水贴有白色的标签，标有进口的批号、品牌供应商、净含量、保质期。

图8-4 使用虚线边框区分

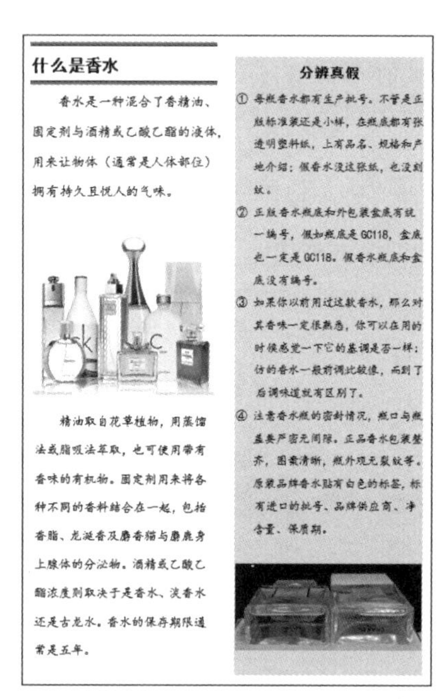

什么是香水

香水是一种混合了香精油、固定剂与酒精或乙酸乙酯的液体，用来让物体（通常是人体部位）拥有持久且悦人的气味。

精油取自花草植物，用蒸馏法或脂吸法萃取，也可使用带有香味的有机物。固定剂用来将各种不同的香料结合在一起，包括香脂、龙涎香及麝香猫与麝鹿身上腺体的分泌物。酒精或乙酸乙酯浓度则取决于是香水、淡香水还是古龙水。香水的保存期限通常是五年。

分辨真假

① 每瓶香水都有生产批号。不管是正版标准装还是小样，在瓶底都有张透明塑料纸，上有品名、规格和产地介绍；假香水没这张纸，也没刻纹。

② 正版香水瓶底和外包装盒底有统一编号，假如瓶底是GC118，盒底也一定是GC118。假香水瓶底和盒底没有编号。

③ 如果你以前用过这款香水，那么对其香味一定很熟悉，你可以在用的时候感觉一下它的基调是否一样；仿的香水一般前调比较像，而到了后调味道就有区别了。

④ 注意香水瓶的密封情况，瓶口与瓶盖要严密无间隙。正品香水包装整齐，图案清晰，瓶外观无裂纹等。原装品牌香水贴有白色的标签，标有进口的批号、品牌供应商、净含量、保质期。

图8-5 使用底纹区分

知识补充

若要为文档中的专栏添加边框或底纹，可在【开始】/【段落】组中单击“边框”按钮右侧的下拉按钮，在弹出的下拉列表框中选择“边框和底纹”选项，在打开的对话框中单击“边框”或“底纹”选项卡进行设置。

2. 用图片衬托文档

在文档中适当地添加图片，不但能够达到补充说明的效果，而且还能使整个版面活跃起来，更容易引起读者的共鸣。但若使用没有价值或质量很差的图片反而弊大于利，因此在采用图片之前，一定要谨慎而仔细地挑选。选用图片来衬托文档时，通常应遵循以下原则。

- **图片的内容要和文档的内容相呼应**。对于文档本身来说，文档中的图片既要有一定的“独立性”，又要有一定的“从属性”。一般而言，应以“从属性”为主。所以，在选择图片之前，应对文档的内容进行充分了解，以免出现“图不对文”的现象。
- **图片风格应考虑读者的审美习惯**。选择图片时应考虑到读者年龄、性别、职业、文化构成等各种因素，分析他们的兴趣爱好和阅读心理，最终选择读者喜爱的图片。
- **图片的形式和风格要契合文档的内容**。图片的形式有很多种，如照片、漫画、油画、水彩画、水墨画等，每一种形式都有其特殊的风格。根据文章的内容来选取不同形式和风格的图片，能起到图文相融的作用。

3. 表格和表头

当需要对文档中各项内容的数值等进行比较时，相比于单纯的文字排列方式，使用表格更方便读者理解其中的内容。表格由一行或多行单元格组成，用于显示数字或其他内容。表格中的内容被分为行和列，以便快速引用和分析。在文档中，需要处理具有多项相同范围的内容时，运用表格能够清晰、简明地表达内容，并进行各项内容的对照和比较。

表头是表格中的第一个单元格。当需要在表头所在的单元格中显示第一行和第一列的含义时，就需要在单元格中绘制一条斜线。在绘制斜线表头时，需要注意以下两点。

- 尽量简化表头，避免占用过多的行和列，导致表格整体不协调。
- 调整表头大小，避免个别字符被遮挡，从而影响表格的内容呈现。

图 8-6 所示为斜线压住文字导致表头与整体不协调的现象。针对这种情况，可以降低第一行的单元格高度，并适当增加第一列单元格的宽度。

员工培训日常安排表

分类 培训时间	开始时间	结束时间	地点	课程内容	主讲人
星期一	8:30AM	11:30AM	三楼会议室	销售技巧	张倩
星期三	8:30AM	11:30AM	三楼会议室	行政管理	李霞
星期五	2:30PM	5:30PM	三楼会议室	统计管理	郭栋梁

图8-6 表头与整体不协调

知识补充

绘制斜线表头的方法如下：在【插入】/【表格】组中单击“表格”按钮，在弹出的下拉列表框中选择“绘制表格”选项，此时鼠标指针变成形状，按住鼠标左键不放，在表头所在单元格中从左上角拖曳至右下角，绘制出一条斜线。

任务实施

1. 分栏排版并设置文档

打开“展会宣传单”素材文档，对其中的内容进行分栏排版，其中商品的介绍用红色字体进行强调，要求段落的字体、字号、行距搭配协调，其具体操作如下。

❶ 打开“展会宣传单”素材文档（素材参见：素材文件\项目八\任务一\展会宣传单.docx）。

❷ 按【Ctrl+A】组合键选中全部文本，在【布局】/【页面设置】组中单击“分栏”按钮 右侧的下拉按钮，在弹出的下拉列表框中选择“两栏”选项，如图 8-7 所示。

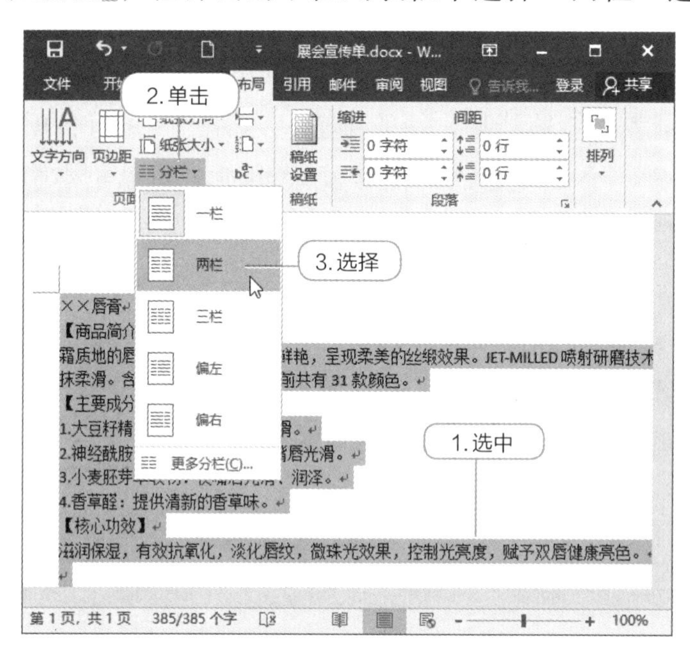

图8-7 分栏排版

❸ 选中文档标题至“【核心功效】”下面的文本。在【开始】/【字体】组中单击“字体颜色”按钮 右侧的下拉按钮，在弹出的下拉列表框中选择“红色，个性色 2，深色 25%”选项，然后设置字体、字号为“幼圆”“小四”，段落行距为“1.5 倍行距”。

❹ 选中文档标题，在【开始】/【字体】组中设置为“四号”“加粗”，文字颜色修改为“红色”。

❺ 分别选中“【商品简介】”“【主要成分】”“【核心功效】”几个标题，将文字颜色修改为“红色”。

❻ 选中最后一段文字，设置字体为“幼圆”“小四”，段落首行缩进两个字符，段落行距为“1.5 倍行距”，效果如图 8-8 所示。

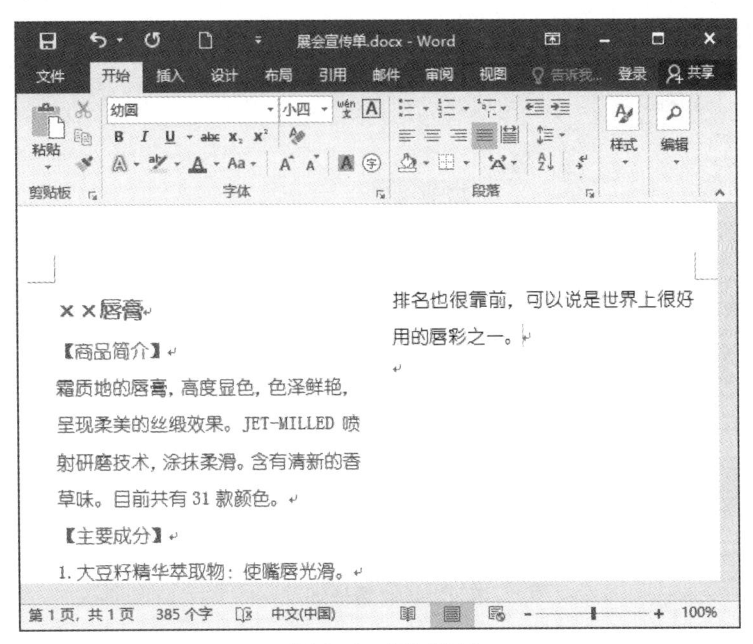

图8-8 设置效果

2. 插入图片

在实际排版中，经过筛选的图片并不一定能满足需求，为了能够在给定的页面范围内进行图片排版，可在【图片工具 - 格式】选项卡中进行编辑。下面在文档中插入素材图片，再对图片进行编辑，其具体操作如下。

❶ 将光标定位到第一段文本前，按【Enter】键换行。将光标定位到第一行的开头，在【插入】/【插图】组中单击“图片”按钮，如图 8-9 所示。

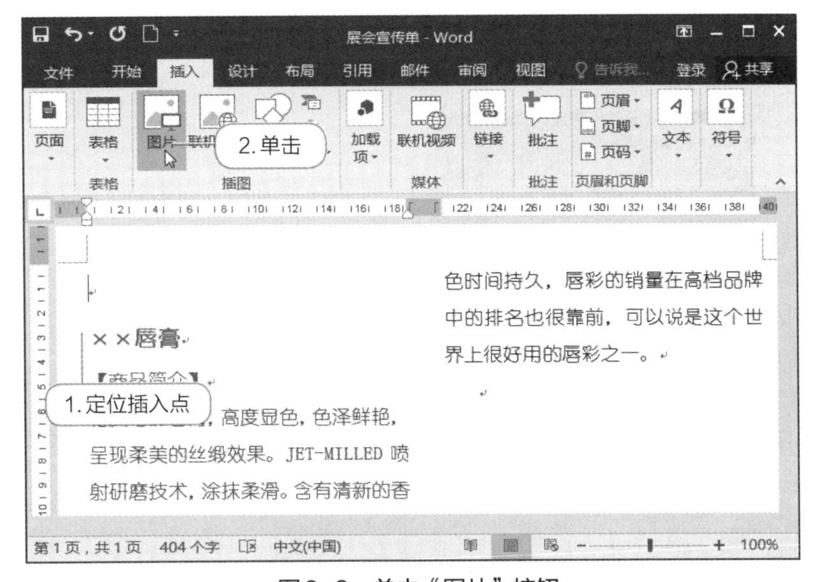

图8-9 单击“图片”按钮

❷ 打开“插入图片”对话框，找到素材图片，选择“展示产品”图片（素材参见：素材文件 \ 项目八 \ 任务一 \ 展示产品 .jpg），单击 插入(S) 按钮，如图 8-10 所示。

图8-10　选择图片

3 返回“展会宣传单”文档，图片呈被选中状态，同时激活了【图片工具 - 格式】选项卡，然后在“大小”组中单击“裁剪”按钮。

4 将鼠标指针移动到图片顶端的中间位置，此时鼠标指针变为⊥形状，向下拖曳鼠标指针到目标位置后，图片中有阴影的部分表示被裁剪的部分，再次单击“裁剪”按钮完成裁剪操作，如图 8-11 所示。

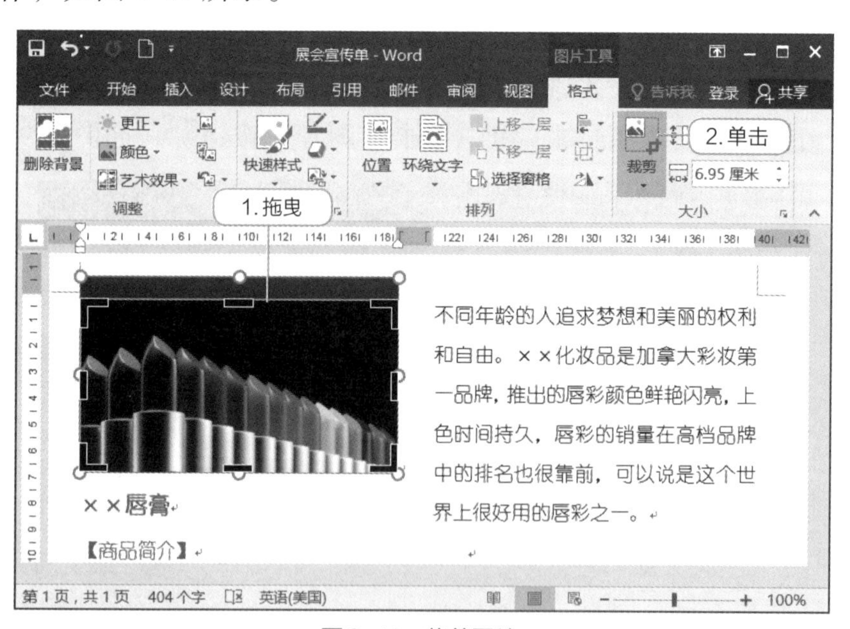

图8-11　裁剪图片

5 在【图片工具 - 格式】/【图片样式】组中单击“快速样式”按钮下方的下拉按钮，在弹出的下拉列表框中选择“映像圆角矩形”样式，如图 8-12 所示。

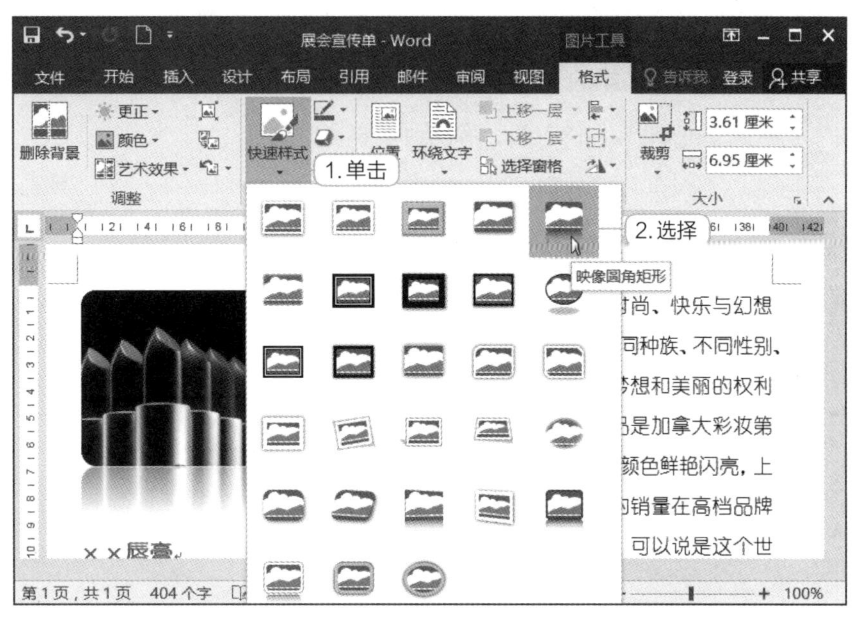

图8-12　选择样式

6 将光标定位到最后一段段末，按【Enter】键换行，用相同的方法插入并编辑图片“会员特权”，插入后拖曳图片4个角的控制点将其缩小，再将其设置为段落居中对齐，如图8-13所示。

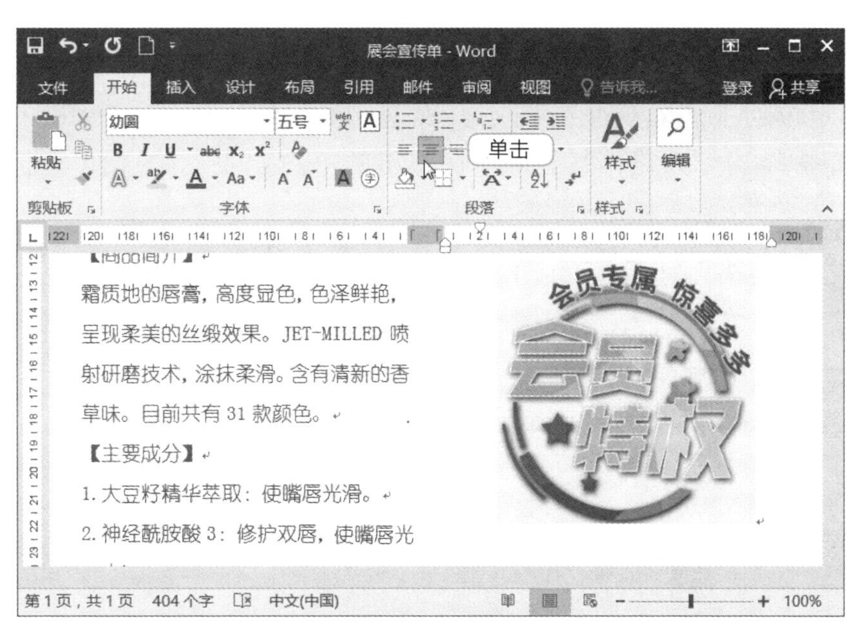

图8-13　编辑图片

7 按【Enter】键换行，录入“地址：总府路××号附10号××大厦南6层”和“电话：028-36****6”，如图8-14所示。在“会员特权”图片前面的段落文本末，按【Enter】键换行，输入“欢迎加入成为我们的会员，您将拥有更多的会员特权。”文本。

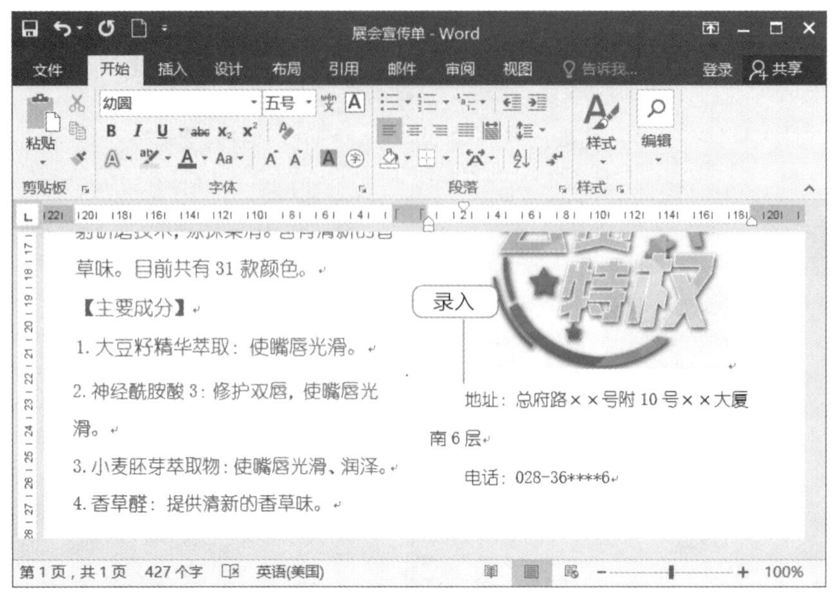

图8-14　录入地址和电话

3. 绘制表格

在绘制表格时，可以对表格中不同的部分应用不同的颜色，此时表格中的色彩不仅关系到表格外观，而且关系到内容的易读性。下面先在文档最后绘制一个表格，再为其添加表格样式，最后将素材内容录入表格中，其具体操作如下。

1 将光标定位到“××化妆品创立于……”段落文本末，按【Enter】键换行，在【插入】/【表格】组中单击“表格”按钮，在弹出的下拉列表框中选择“插入表格”选项，如图 8-15 所示。

2 打开“插入表格”对话框，在“表格尺寸”栏的“列数”数值框中输入“4”，在“行数”数值框中输入“10”，单击确定按钮，如图 8-16 所示。

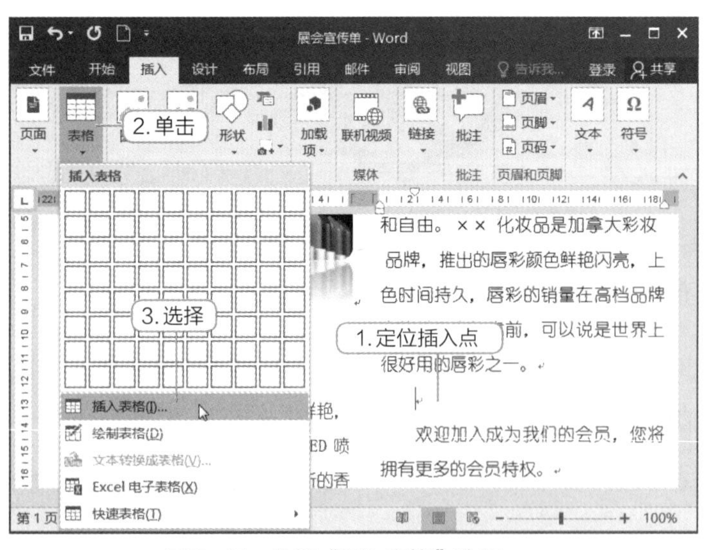

图8-15　选择“插入表格”选项

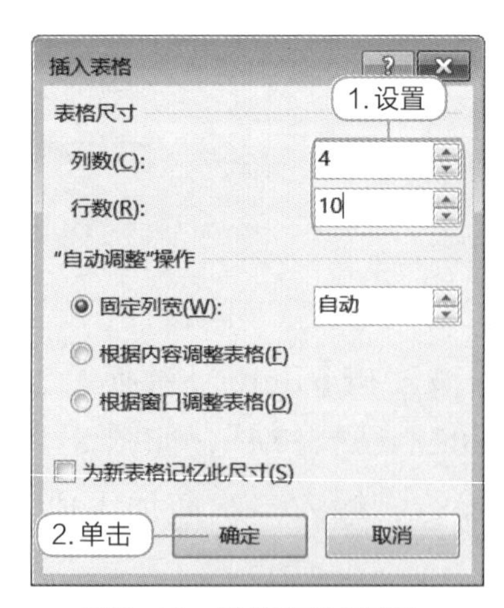

图8-16　设置表格行列数

3 选中表格的第 1 行，在【表格工具 - 布局】/【合并】组中单击“合并单元格”按钮合并单元格，用相同方法合并第 2、4、6、8、10 行的单元格，效果如图 8-17 所示。

4 在第一行的单元格中输入标题“展会活动促销”文本，打开素材文件“促销信息 .txt”（素材参见：素材文件 \ 项目八 \ 任务一 \ 促销信息 .txt），将内容录入表格，选中整个表格后将字号设置为“五号”，效果如图 8-18 所示。

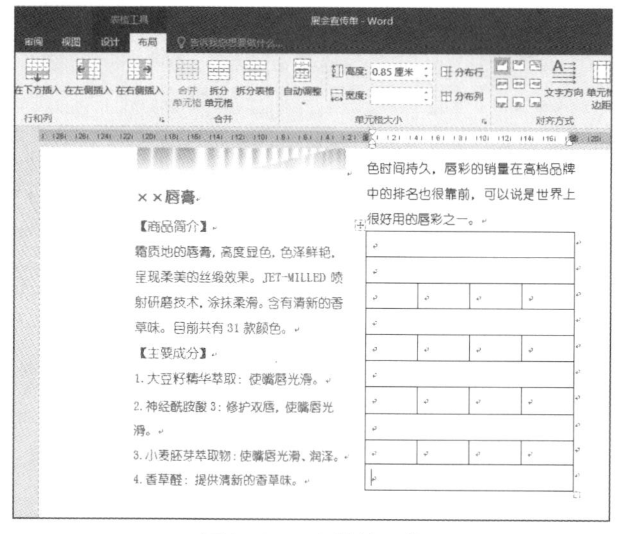

图8-17　合并单元格

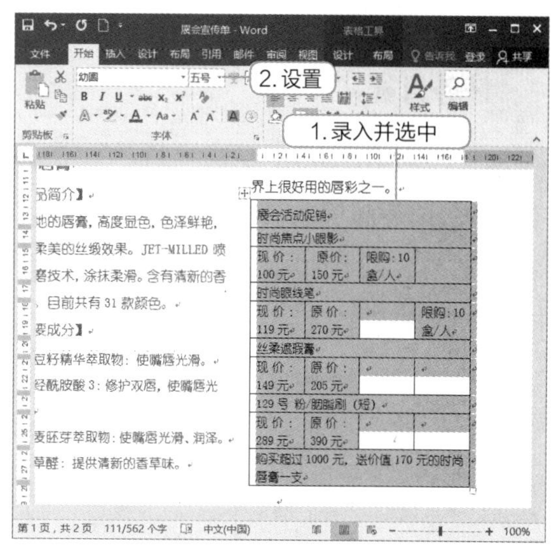

图8-18　录入并设置表格文字

5 选中整个表格，在【表格工具 - 设计】/【表格样式】组中单击列表框中的按钮，选择“网格表 4- 着色 2”选项，如图 8-19 所示。

6 选中除最后一行单元格外的所有单元格，在【开始】/【字体】组中设置字号为“小五”，在【开始】/【段落】组中单击“居中”按钮，如图 8-20 所示。

7 保存文档编辑内容，完成本例的制作（最终效果参见：效果文件 \ 项目八 \ 任务一 \ 展会宣传单 .docx）。

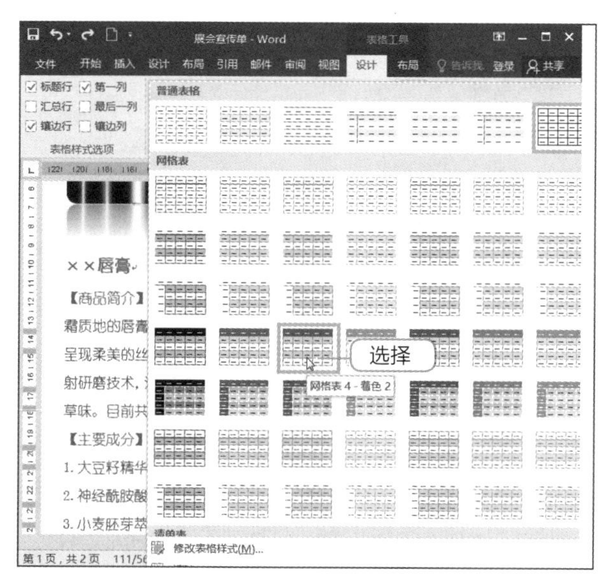

图8-19　选择表格样式

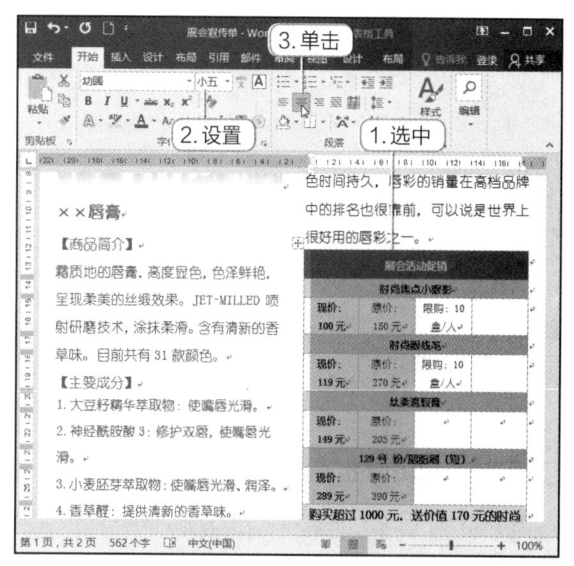

图8-20　设置字号和居中对齐

任务二　设置并打印“企业文件管理制度”文档

现代企业管理制度的 4 个主要管理对象是人、财、物、信息，而“企业文件管理制度”就是针对其中“物”的规范性文件。

任务目标

本任务使用 Word 设置并打印“企业文件管理制度”文档。制作时先打开素材文档，设置页面大小、页眉、页脚、页码，然后通过打印预览查看文档，最后打印文档。通过对本任务的学习，有助于掌握在 Word 中设置页面和打印文档的基本方法。本任务完成后的效果如图 8-21 所示。

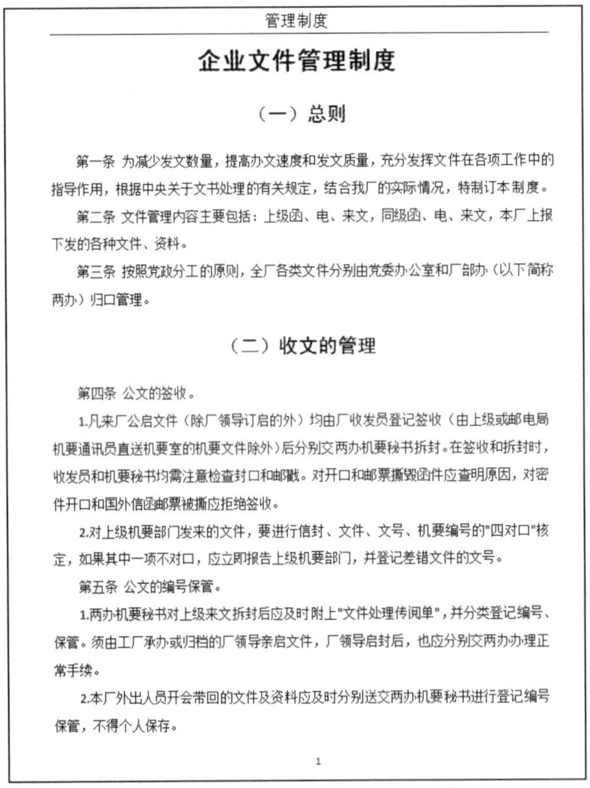

管理制度

企业文件管理制度

（一）总则

第一条 为减少发文数量，提高办文速度和发文质量，充分发挥文件在各项工作中的指导作用，根据中央关于文书处理的有关规定，结合我厂的实际情况，特制订本制度。

第二条 文件管理内容主要包括：上级函、电、来文，同级函、电、来文，本厂上报下发的各种文件、资料。

第三条 按照党政分工的原则，全厂各类文件分别由党委办公室和厂部办（以下简称两办）归口管理。

（二）收文的管理

第四条 公文的签收。

1.凡来厂公启文件（除厂领导订启的外）均由厂收发员登记签收（由上级或邮电局机要通讯员直送机要室的机要文件除外）后分别交两办机要秘书拆封。在签收和拆封时，收发员和机要秘书均需注意检查封口和邮戳。对开口和邮票撕毁函件应查明原因，对密件开口和国外信函邮票被撕应拒绝签收。

2.对上级机要部门发来的文件，要进行信封、文件、文号、机要编号的"四对口"核定，如果其中一项不对口，应立即报告上级机要部门，并登记差错文件的文号。

第五条 公文的编号保管。

1.两办机要秘书对上级来文拆封后应及时附上"文件处理传阅单"，并分类登记编号、保管。须由工厂承办或归档的厂领导亲启文件，厂领导启封后，也应分别交两办办理正常手续。

2.本厂外出人员开会带回的文件及资料应及时分别送交两办机要秘书进行登记编号保管，不得个人保存。

1

图8-21 “企业文件管理制度”文档

相关知识

1. 页面的构成要素

页面主要包括版心和版心周围的空白部分。通过页面可以看到版式的全部设计，页面的具体构成要素包括版心、页眉和页脚、页码、注文。

- **版心**。版心位于页面中心，容纳正文文字。文档的版心大小是由文档类型决定的。版心过小，容字量就少；版心过大，有损版式的美观。一般遵循的规则是：字与字间的空距<行与行间的空距<段与段间的空距<四周空白。版心宽度和高度的具体尺寸，要根据正文用字的大小、行数、字数来决定。
- **页眉和页脚**。排在版心上部的文字及符号统称为页眉，排在版心下部的文字及符号统称为页脚。页眉和页脚一般用于显示文档的附加信息，如时间、图形、公司Logo、文档标题、文件名等。
- **页码**。多页文档中用于分辨页数的数字即页码。一般书刊中的页码位于切口一侧。印刷行业中将一个页码称为“一面”，正反面两个页码称为“一页”。
- **注文**。注文又称注释、注解，是对正文内容或对某一字词所做的解释和补充说明。排在字行中的注文称为“夹注”，排在页面下端的注文称为“脚注”，排在每篇文章之后的注文称为“篇后注”，排在全书后面的注文称为“书后注”。在正文中标识注文的号码称为“注码”。

2. 页面的大小和纸张类型

页面的大小称为“开本”。一张全开纸张可裁切和折叠成多少小张，就称多少开本。图 8-22 所示为我国标准纸张开本的计算方式。

根据国家标准，全开纸又可分为正度和大度两种规格。大度又称为 A 系列，正度又称为 B 系列。A 系列和 B 系列都是标准规格的纸张尺寸，常见的 A4 纸就属于 A 系列，其大小为 21cm × 29.7cm。A 系列的纸张规格类型如图 8-23 所示。

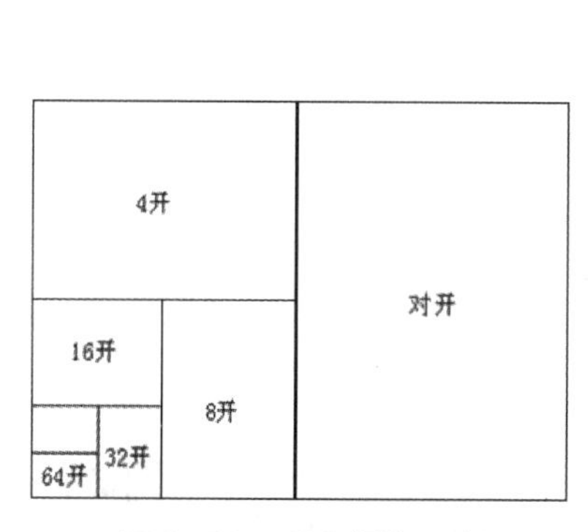

图8-22 开本规格示意

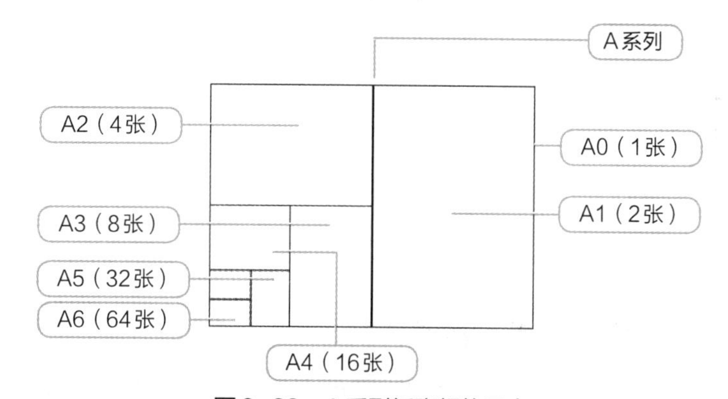

图8-23 A系列纸张规格示意

任务实施

1. 设置页面大小

下面先打开素材文档，对页面的大小进行设置，然后调整文档的页边距，使文档内容的整体效果更加美观，其具体操作如下。

❶ 打开“企业文件管理制度”素材文档（素材参见：素材文件\项目八\任务二\企业文件管理制度.docx），在【布局】/【页面设置】组中单击“纸张大小”按钮，在弹出的下拉列表框中选择“A4”选项，如图8-24所示。

❷ 在【布局】/【页面设置】组中单击“页边距”按钮，在弹出的下拉列表框中选择“自定义边距”选项。

❸ 打开“页面设置”对话框，默认打开“页边距”选项卡。在“页边距”栏的“上”“下”“左”“右”数值框中均输入“2.5厘米”，单击 确定 按钮完成设置，如图8-25所示。

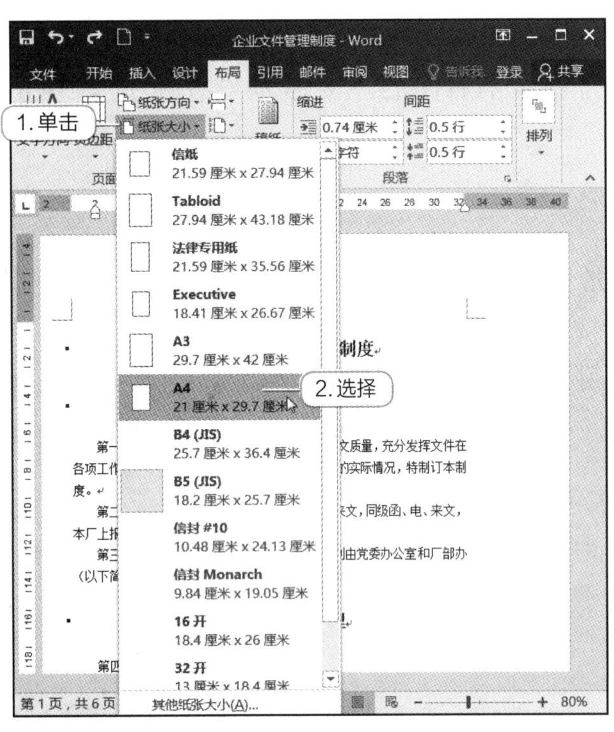

图8-24 设置页面大小

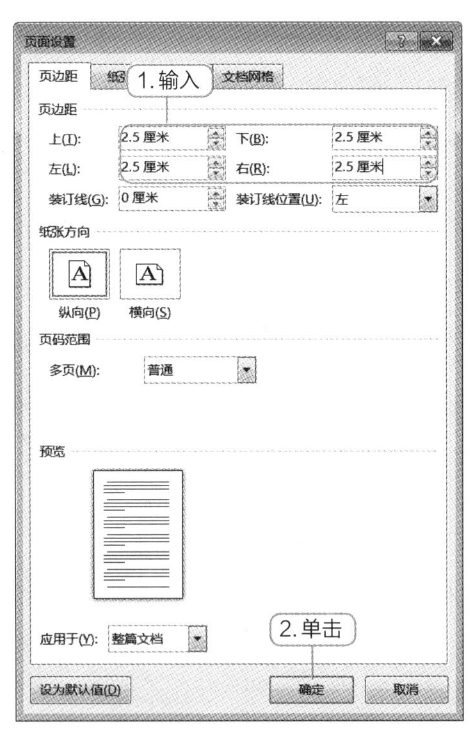

图8-25 设置页边距

2. 应用和修改标题样式

对于一篇普通的文档，标题的格式可以直接在【开始】/【字体】组和【开始】/【段落】组中进行设置，但对于同一级别标题较多的长文档，可以通过对标题应用样式来控制格式。下面先对一级标题使用“标题1”样式，再将“标题2”的样式改为“黑体”“不加粗”“小二”，其具体操作如下。

❶ 在【开始】/【样式】组中单击对话框启动器按钮，打开“样式”任务窗格。

❷ 将光标定位到一级标题（一般是文档的大标题名称）中的任意位置，在“样式”任务窗格中选择“标题1”选项，为该段落应用“标题1”样式，如图8-26所示。

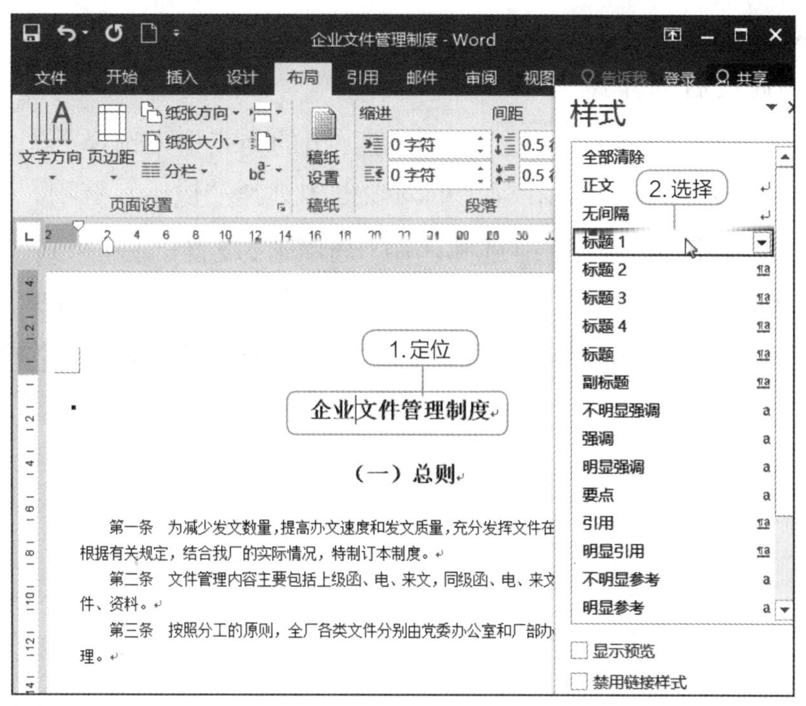

图8-26 应用“标题1”样式

❸ 将光标定位到二级标题中的任意位置，将鼠标指针移动到“标题 2”选项上，单击右侧的下拉按钮，在弹出的下拉列表框中选择“修改”选项，如图 8-27 所示。

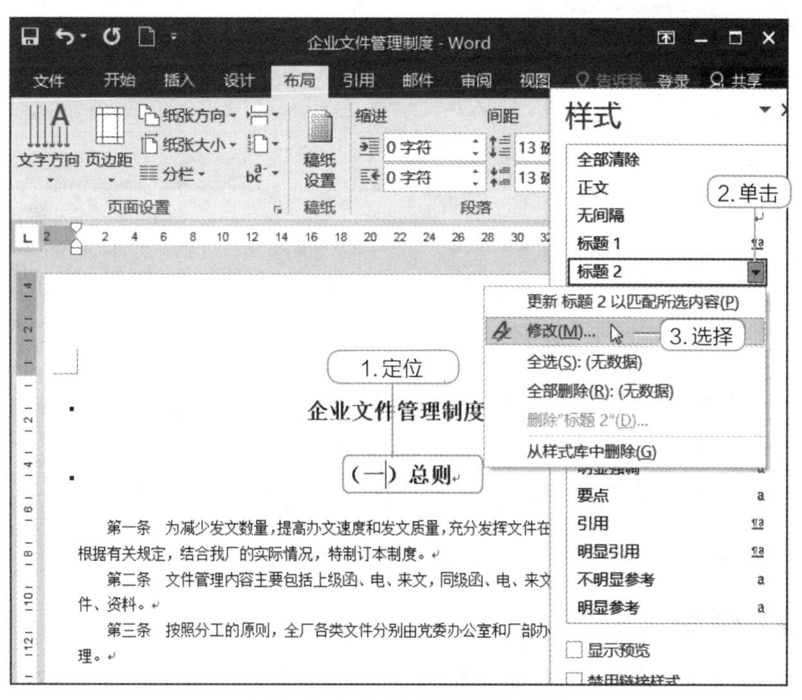

图8-27 选择“标题2”样式

❹ 打开“修改样式”对话框，在“格式”栏的“字体”下拉列表框中选择“黑体”选项，在“字号”下拉列表框中选择“小二”选项，单击“加粗”按钮取消加粗，单击 确定 按钮完成设置。

5 分别将光标定位到其他二级标题中的任意位置，在“样式”任务窗格中选择“标题 2”选项，应用修改后的样式。

6 右击“样式”任务窗格的“正文”样式，在弹出的列表框中选择“修改”选项，打开“修改样式”对话框。单击格式(O)按钮，在弹出的列表框中选择“段落”选项，如图 8-28 所示。

7 打开“段落”对话框，单击“缩进和间距”选项卡，设置“特殊格式”为“首行缩进”“2 字符”，设置“行距”为“1.5 倍行距”，单击确定按钮，如图 8-29 所示。

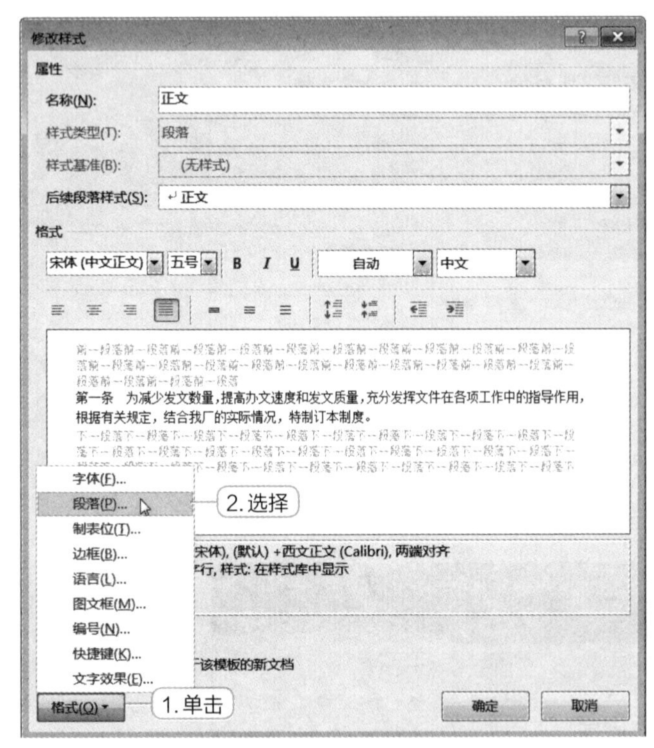

图8-28 修改正文样式

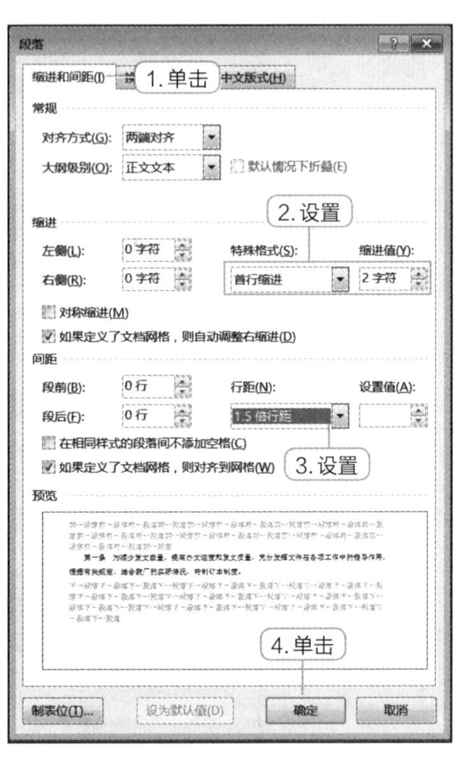

图8-29 设置段落样式

8 返回“修改样式”对话框，单击确定按钮，系统会自动为文档更新样式。

知识补充

修改除“正文”外的样式时，在“修改样式”对话框的“样式基准”下拉列表框中选择某样式选项，则当前样式会随该样式的改变而改变。选择“无”选项，则该样式将不与其他样式相关联。

3. 设置页眉与页脚

添加页眉和页脚可对文档起到修饰作用，通常情况下页眉为公司名称或文档名称，页脚为页码。下面为“企业文件管理制度”文档添加页眉和页脚，其具体操作如下。

1 在【插入】/【页眉和页脚】组中单击“页眉”按钮，在弹出的下拉列表框中选择“编辑页眉”选项。

❷ 进入页眉和页脚编辑状态，在页眉中输入“管理制度”文本，在【页眉和页脚工具 - 设计】/【选项】组中勾选“奇偶页不同”复选框，单击“下一节”按钮，如图 8-30 所示。

❸ 切换到偶数页的页眉，输入“××有限责任公司”，在【页眉和页脚工具 - 设计】/【导航】组中单击“转至页脚”按钮，如图 8-31 所示。

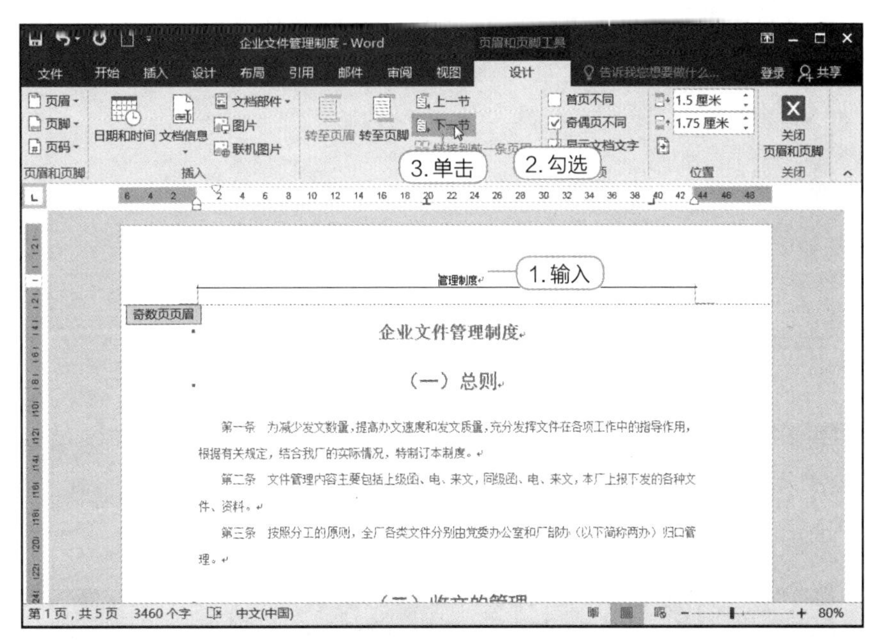

图8-30　设置奇数页页眉

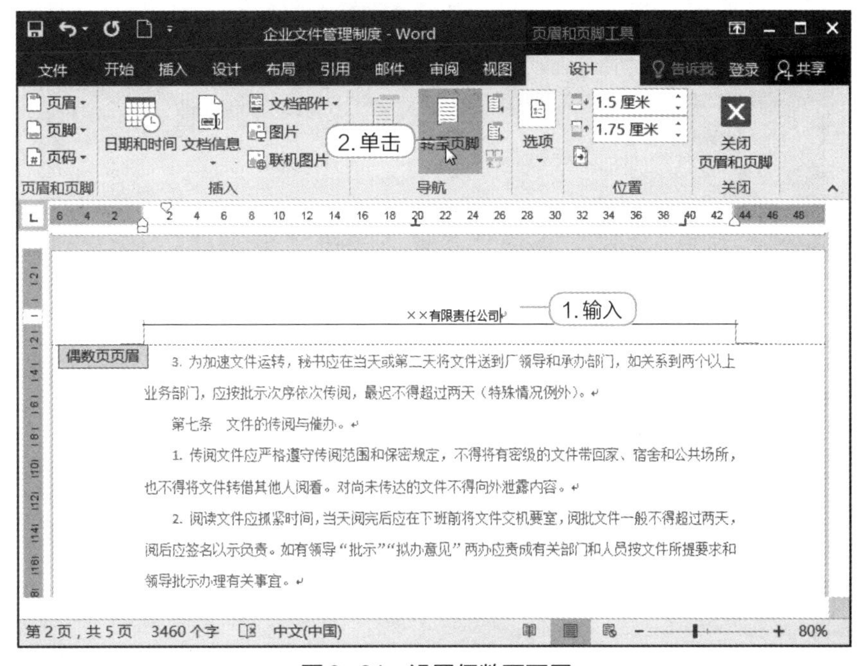

图8-31　设置偶数页页眉

❹ 在【页眉和页脚工具 - 设计】/【页眉和页脚】组中单击“页码”按钮，在弹出的下拉列表框中选择“页面底端”选项，再选择“普通数字 2”选项，如图 8-32 所示。

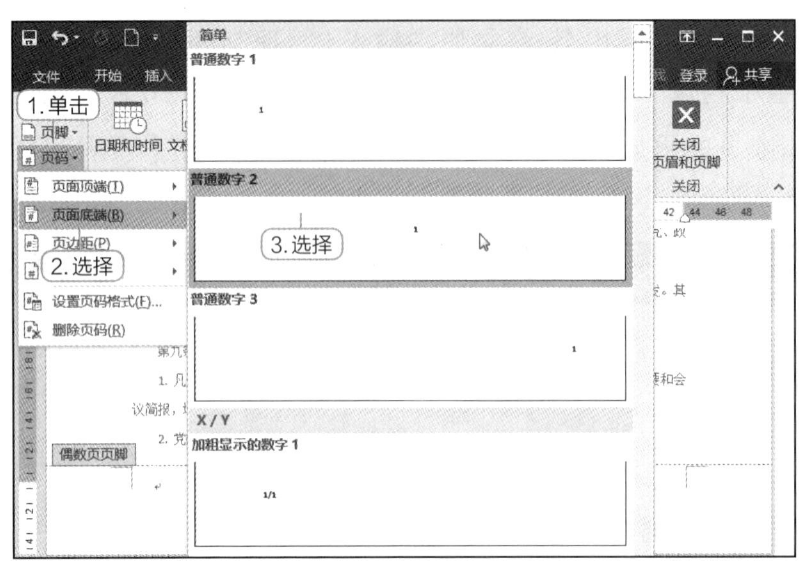

图8-32　设置页码显示方式

❺ 将光标定位至奇数页的页脚，用同样的方法为其添加页码，然后在【页眉和页脚工具 - 设计】/【关闭】组中单击“关闭页眉和页脚”按钮☒,退出页眉和页脚的编辑状态，添加了页眉和页脚后的效果如图 8-33 所示。

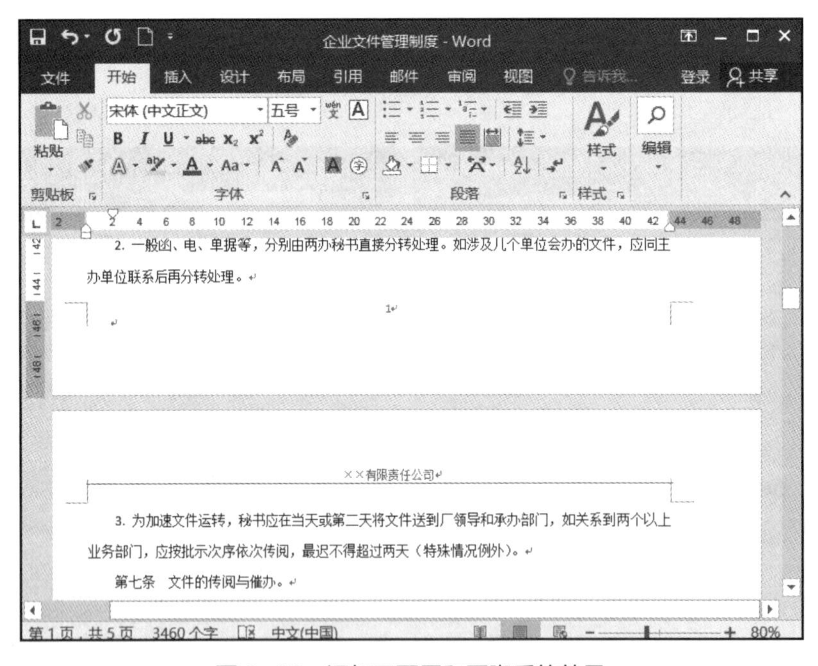

图 8-33　添加了页眉和页脚后的效果

4．预览并打印文档

文档设置完成后，便可进行打印预览，打印预览可帮助用户及时发现文档中的错误并加以更正，最后可以通过打印设备将文档打印出来。在执行打印操作前，应先确定打印方案，即选择打印机，设置打印机属性、打印份数、单面打印等，其具体操作如下。

（最终效果参见:效果文件\项目八\任务二\企业文件管理制度 .docx）

❶ 单击“文件”选项卡，在弹出的列表中选择“打印”选项，在右侧展开的窗口中预览文档的打印效果，检查设置栏中的属性是否正确。

❷ 在“打印机”下拉列表框中选择当前安装的打印机名称，在“份数”数值框中输入打印份数，单击“打印”按钮，便可按设置的打印参数进行文件的打印，如图 8-34 所示。

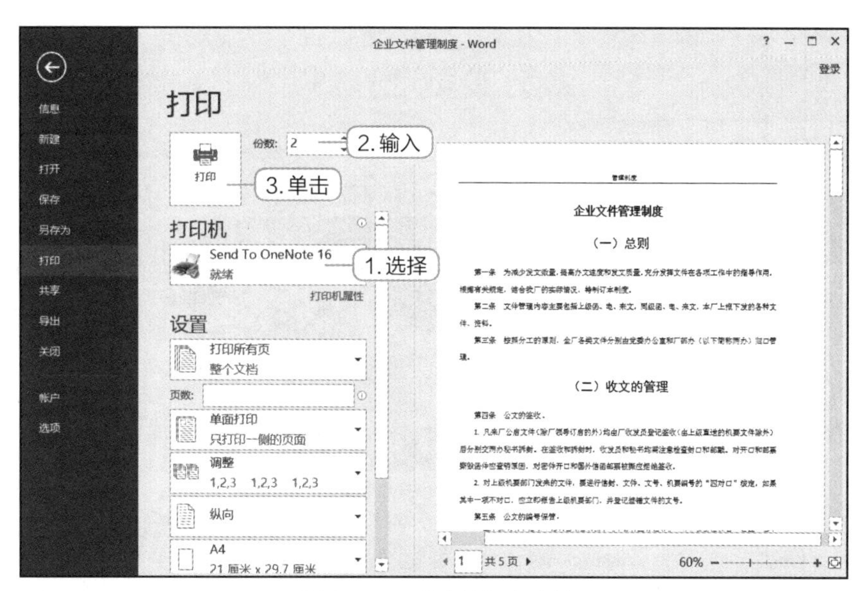

图8-34 预览并打印文档

实训一 制作“公司简介”文档

【实训要求】

公司简介主要用来宣传企业文化、规模、结构和主要经营范围等内容，通常用于招聘、招标、融资等场合。公司简介通常代表了企业的形象，所以对其内容的修饰和设置尤为重要。

【实训思路】

本实训先在 Word 2016 中打开素材文件，并设置文档的字体和段落格式，然后将素材中的图片插入文档。

微课视频

制作“公司简介”文档

【步骤提示】

❶ 打开素材文件（素材参见：素材文件\项目八\实训一\公司简介.docx），将标题设置为“黑体”“一号”“加粗”“橙色，个性色 6，深色 25%”，正文文本设置为“黑体”“小四”“橙色，个性色 6，深色 50%”。

❷ 在第二段“公司经过多年的研制与创建，”文本右侧插入图片 1，并将其自动换行设置为“四周型环绕”。

❸ 在最后一段文本前插入图片 2，将其调整为现在大小的 1/4，将自动换行设置为“四周型环绕”，并对位置进行调整。

❹ 为页面添加“艺术型”边框效果，如图 8-35 所示（效果参见：效果文件 \ 项目八 \ 实训一 \ 公司简介 .docx）。

公司简介

××电器灯饰有限责任公司是一家集产品设计、开发、装配于一体的大型专业灯具生产企业，占地面积 5600 平方米，建筑面积 3700 平方米。

公司经过多年的研制与创建，目前已拥有十大系列、上千种品种及规格的灯具，主要包括：家装灯具、路灯灯具、投光灯具、商业灯具、庭院灯具、草坪灯具、隧道灯具、高杆灯具、防腐灯具、埋地灯具等。同时，公司积极吸取国外先进产品的特点与优点，不断开发出节能、环保、美观而又实用的新产品，采用 CAD，在设计上达到合理、规范、准确、快速。公司的所有产品均通过 3C 质量体系认证，生产采用完善的质保体系，辅以先进的检测手段，使本公司的产品畅销国内市场。

图8-35 “公司简介”文档效果

实训二 设置并打印“商业企划”文档

微课视频

设置并打印“商业企划”文档

【实训要求】

打开素材文档，创建新样式控制文档中的编号段落，为不同的标题段落应用样式，调整文档整体效果。

【实训思路】

本实训主要创建样式和格式，并为文档应用样式和格式。先打开“样式”任务窗格，然后设置标题和副标题格式，创建“编号”样式，最后将对应的样式应用到文档中并添加页眉和页脚效果。

【步骤提示】

❶ 打开素材文档（素材参见：素材文件 \ 项目八 \ 实训二 \ 商业企划 .docx），在【开始】/【样式】组中单击对话框启动器按钮，打开“样式”任务窗格。

2 设置标题文本格式为“幼圆”“24”“加粗”“居中”，设置副标题文本格式为“幼圆”“16”“居右”。

3 选择“1、2、3……6”编号下的文本，单击“新建样式”按钮，在打开的对话框中设置样式名称为“编号”，段落格式为“悬挂缩进”“2 字符”，制表符大小为“2 字符”。

4 为文档中的标题分别应用“样式”任务窗格中对应的样式，再分别添加页眉和页脚效果（页眉不用区分奇偶页），完成后的效果如图 8-36 所示（效果参见：效果文件 \ 项目八 \ 实训二 \ 商业企划 .docx）。

商业企划

建立销售管理与系统架构操作平台

——蓝雨集团销售公司商业企划

一、背景与实施方案

经过 2020 年的奋斗，蓝雨集团成功改制并建立起了一套行业内较为先进的合作伙伴制销售系统。依托于此合作伙伴制系统，蓝雨集团下属销售公司 2020 年成功地完成了 10 亿元销售额。

然而，在红茶饮料崛起的同时，也遭到了市场各类饮料的竞争阻击。2021 年我们将面对更大的竞争压力、更多的自我挑战，因为 2021 年我们将要完成 20 亿元的销售目标。要实现销售额的翻番，我们需要更有竞争力的销售管理与系统架构操作平台的支持！

整个销售管理与操作平台于 2021 年 4 月正式启动建设，在 2021 年 5 月底之前结束建设，我们将以全新的、更有竞争力的销售管理与系统架构操作平台迎接 2021 年的旺季，创造蓝雨集团的第二次腾飞！

二、全新架构的信息管理

信息系统的科学化运作是其他系统得以科学化运作的基础，因此建议销售系统改革从信息系统开始。

随着集团经营品牌的不断增加和市场竞争的不断加剧，产品经营管理的难度也不断增加。为保持并提高竞争力，销售公司再次进行重组，将组织架构和员工素质提升至更高的层次。然而，要发挥出新系统的真正实力，一流硬件还需配置一流软件。因此，系统流程也需要随之进行全面升级。

1 / 4

图8-36 “商业企划”文档效果

（1）打开提供的素材文件（素材参见：素材文件 \ 项目八 \ 课后练习 \ 装修公司介绍 .docx），并执行以下操作。

- 设置标题的格式为“方正大黑简体”“小二”，正文格式为“宋体”“五号”“绿色”。
- 在文档右侧依次插入图片（素材参见：素材文件\项目八\课后练习\房子1.jpg，房子2.jpg，房子3.jpg，房子4.jpg）。
- 插入文本框，依次输入“田园风格”“地中海风格”“现代简约风格”“中式风格”。

（2）打开提供的素材文件（素材参见：素材文件\项目八\课后练习\市场调查报告.docx），并执行以下操作。

- 设置一级标题的格式为“黑体”“小二”“加粗”“居中”。
- 打开“段落”对话框，设置间距、行距、缩进等。
- 打开“样式”任务窗格，为二级标题应用“样式1”样式。打开“修改样式”对话框，单击 格式(O)▾ 按钮，在打开的对话框中设置罗马数字“编号”样式。
- 选中“对Excel图书有哪些要求”段落下方的文本，打开“修改样式”对话框，单击 格式(O)▾ 按钮，在打开的对话框中创建“项目符号”样式。
- 在“1. 调查对象的基本信息”标题下方插入表格，并将素材文件的内容录入表格中（素材参见：素材文件\项目八\课后练习\调查对象的基本信息.txt）。
- 插入页眉“调查报告”和页脚“制作人：×××”。
- 打印文档。

技能提升

1. 在Word 2016中设置双面打印的方法

单击“文件”选项卡，在弹出的列表中选择“打印”选项，在打开窗口“设置”栏的“单面打印”下拉列表框中选择“手动双面打印”选项。进行手动双面打印时，打印机会先打印奇数页，奇数页打印完成后，将打开提示对话框提示用户手动换纸，此时即可将打印完成的纸张重新放入打印机纸盒中打印偶数页。

2. 突出显示段落第一个字的方法

将段落中的第一个字突出显示即设置首字下沉。选择要设置首字下沉的段落，在【插入】/【文本】组中单击“首字下沉”按钮，选择所需的样式。

3. 中文排版的规则

在中文排版中，标点符号一般占一个字符的位置，它由半个字符大小的符号和半个字符大小的空格组成，如图8-37所示。

图8-37　标点符号占一个字符位置

但在某些特殊的情况下，如将括号与其他符号一起使用时，占用的位置大小就不一定符合符号加空格的形式。下面列举几种括号与引号的空格位置处理方式。

- 后引号与前括号一起使用时，其间的空格大小为两个半角空格位置。
- 后引号与后括号（或前引号与前括号）一起使用时，采用默认排版。
- 后引号下方有标点时，采用默认排版，标点之后为两个半角空格。
- 标点之后为后引号时，采用默认排版，后引号之后为两个半角空格。
- 标点之后为前括号时，符号间有两个半角空格。

引号、逗号、括号等符号在文档中不同位置一起使用时，对空格个数的要求也不同，如图 8-38 所示。

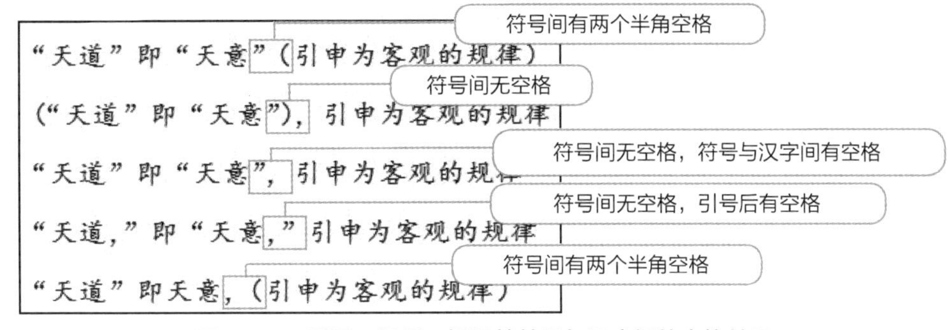

图8-38　引号、逗号、括号等符号与汉字间的空格关系

合理地安排空格，可以使括号内的内容和括号外的内容联系更加紧密。除了引号、括号、逗号一起使用时加空格处理外，正确处理引号在段首和行首时的空格可以让文档的层次更加分明。引号出现在段首或行首时，空格处理方式有以下 3 种。

- 当段首的前引号处空出一个全角和半角空格时，换行处的前引号空出一个半角空格。
- 当段首的前引号处空出一个半角空格时，换行处的前引号空出一个半角空格。
- 当段首的前引号处空出一个全角空格时，换行处的前引号同样顶格处理。

4. 使用艺术字

艺术字广泛应用于宣传、广告、商标、标语、黑板报、展览会、商品包装等，其字体特点为符合文字含义，具有美观有趣、易认易识、醒目张扬等特性，是一种有装饰作用的变形字体。

艺术字和图片一样，都是用来美化文档的，在文档中使用艺术字有以下两种方法。

- **插入艺术字**。将光标定位在文档中，单击【插入】/【文本】组中“艺术字”按钮，在弹出的下拉列表框中选择要插入的艺术字样式，选定后将在光标处插入一个文本占位符，按提示输入文本，如图8-39所示。

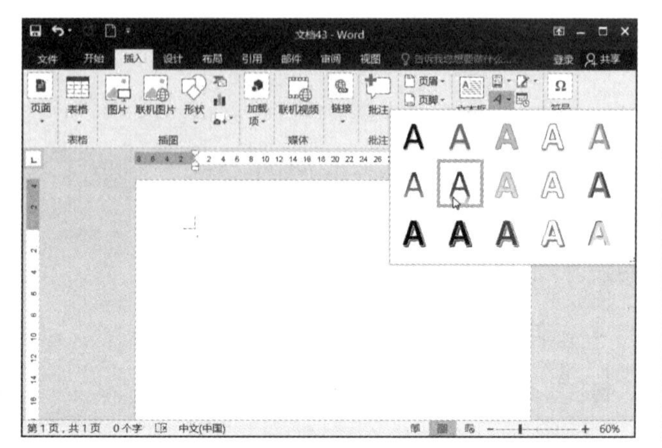

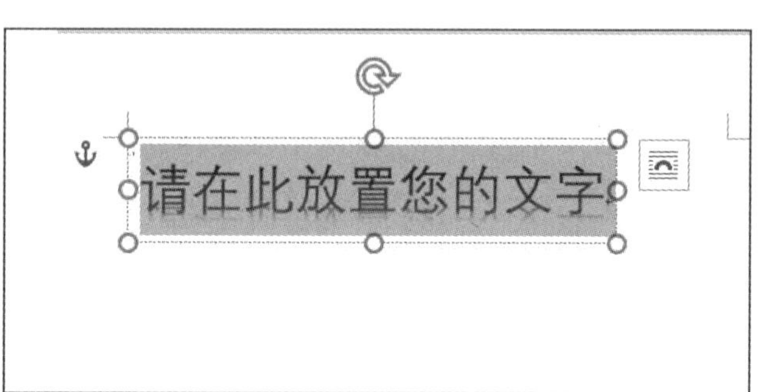

图8-39　插入艺术字

- **为已输入的文本应用艺术字**。对一段文本的其中一部分应用艺术字效果，可先选中要添加艺术字的文本，再单击【开始】/【字体】组中的“文本效果”按钮，在弹出的下拉列表框中选择需要的艺术字效果。

5. 输入公式

当需要输入复杂的数学公式时，如根式和积分公式等，可使用Word 2016的公式编辑器快速、方便地编写。下面插入“事例（两条件）”公式并输入条件，其具体操作如下。

1 在【插入】/【符号】组中单击“公式”按钮下方的下拉按钮，在弹出的下拉列表框中选择“插入新公式”选项。

2 在文档中将出现一个公式编辑框，在【公式工具 - 设计】/【结构】组中单击“括号”按钮，在弹出的下拉列表框的“事例和堆栈”栏中选择“事例（两条件）”选项，如图8-40所示。

3 单击括号上方的条件框，选择该条件框，并输入数据，然后在“符号”组中单击“大于”按钮>。

4 单击括号下方的条件框，选择该条件框，在【公式工具 - 设计】/【结构】组中单击“分数”按钮，在弹出的下拉列表框的“分数”栏中选择“分数（竖式）”选项$\frac{x}{y}$。

5 在插入的公式编辑框中输入数据，完成后在文档的任意处单击可退出公式编辑。

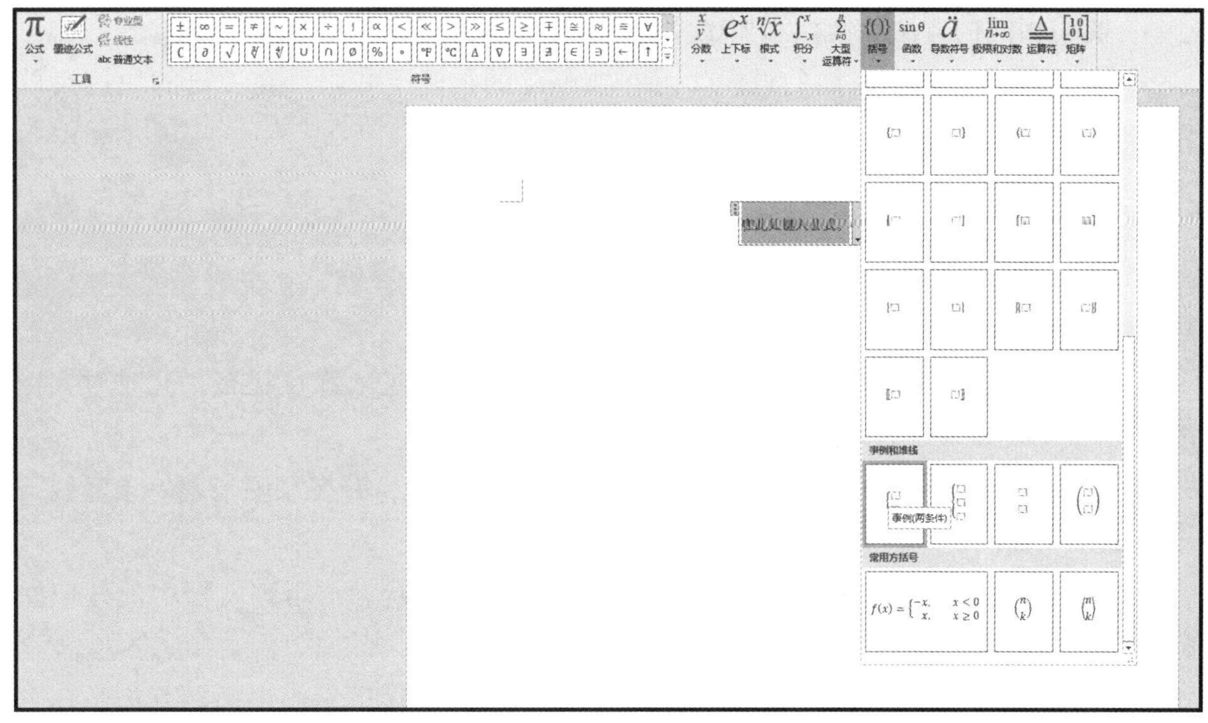

图8-40　选择公式结构

6. 添加批注

批注用于在阅读时对文档中的内容添加评语和注解，插入批注的具体操作如下。

❶ 选中要插入批注的文本，在【审阅】/【批注】组中单击“新建批注”按钮，此时选择的文本处出现一条引至文档右侧的引线。

❷ 在批注文本框中可输入批注内容，如图 8-41 所示。

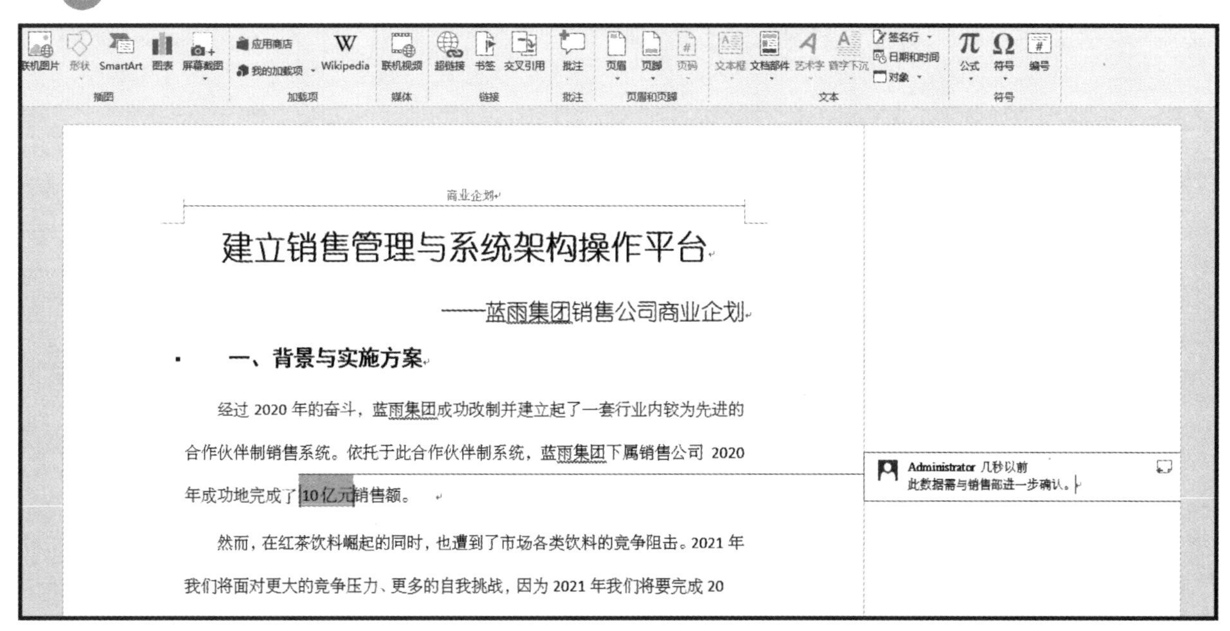

图8-41　插入批注

3 使用相同的方法为文档添加多个批注，并且批注会自动按编号排列。

4 若要删除为文档添加的批注，可在要删除的批注上右击，在弹出的快捷菜单中选择“删除批注”命令。

7. 修订文档

对错误的内容添加修订，并将文档发送给制作人员予以确认，可减小文档出错率，其具体操作如下。

1 在【审阅】/【修订】组中单击“修订”按钮，进入修订状态，此时对文档的任何操作都将被记录下来。

2 修改文档内容后，修改后的位置会显示修订的结果，并在左侧出现一条竖线，表示该处进行了修订。

3 修订结束后，需单击“修订”按钮，退出修订状态，否则文档中的任何操作都会被视为修订操作。

添加修订后，对于文档中的修订，用户可根据需要选择接受或拒绝，方法是在【审阅】/【更改】组中单击“接受”按钮接受修订，或单击“拒绝”按钮拒绝修订。此外，单击“接受”按钮下方的下拉按钮，在弹出的下拉列表框中选择“接受所有修订”选项，可一次性接受文档的所有修订。